HISTÓRIAS DE METEORITO
OU METEORITOS NA HISTÓRIA?

Editora Appris Ltda.
1.ª Edição - Copyright© 2024 das autoras
Direitos de Edição Reservados à Editora Appris Ltda.

Nenhuma parte desta obra poderá ser utilizada indevidamente, sem estar de acordo com a Lei nº
9.610/98. Se incorreções forem encontradas, serão de exclusiva responsabilidade de seus organi-
zadores. Foi realizado o Depósito Legal na Fundação Biblioteca Nacional, de acordo com as Leis nos
10.994, de 14/12/2004, e 12.192, de 14/01/2010.

Catalogação na Fonte
Elaborado por: Dayanne Leal Souza
Bibliotecária CRB 9/2162

H673 2024	Histórias de meteorito: ou meteoritos na história? / Organizadoras, Amanda Tosi e Maria Elizabeth Zucolotto. – 1. ed. – Curitiba: Appris, 2024. 236 p. ; 16 x 23 cm. Inclui referências Inclui apêndices ISBN 978-65-250-6039-2 1. Meteoritos. 2. História da humanidade. 3. Mitologias. I. Tosi, Amanda. II. Zucolotto, Maria Elizabeth. III. Título. CDD – 523.51

Livro de acordo com a normalização técnica da ABNT

Appris
editora

Editora e Livraria Appris Ltda.
Av. Manoel Ribas, 2265 – Mercês
Curitiba/PR – CEP: 80810-002
Tel. (41) 3156 - 4731
www.editoraappris.com.br

Printed in Brazil
Impresso no Brasil

Amanda Tosi
Maria Elizabeth Zucolotto

HISTÓRIAS DE METEORITO
OU METEORITOS NA HISTÓRIA?

FICHA TÉCNICA

EDITORIAL	Augusto Coelho
	Sara C. de Andrade Coelho
COMITÊ EDITORIAL	Ana El Achkar (UNIVERSO/RJ)
	Andréa Barbosa Gouveia (UFPR)
	Conrado Moreira Mendes (PUC-MG)
	Eliete Correia dos Santos (UEPB)
	Fabiano Santos (UERJ/IESP)
	Francinete Fernandes de Sousa (UEPB)
	Francisco Carlos Duarte (PUCPR)
	Francisco de Assis (Fiam-Faam, SP, Brasil)
	Jacques de Lima Ferreira (UP)
	Juliana Reichert Assunção Tonelli (UEL)
	Maria Aparecida Barbosa (USP)
	Maria Helena Zamora (PUC-Rio)
	Maria Margarida de Andrade (Umack)
	Marilda Aparecida Behrens (PUCPR)
	Marli Caetano
	Roque Ismael da Costa Güllich (UFFS)
	Toni Reis (UFPR)
	Valdomiro de Oliveira (UFPR)
	Valério Brusamolin (IFPR)
SUPERVISOR DA PRODUÇÃO	Renata Cristina Lopes Miccelli
ASSESSORIA EDITORIAL	William Rodrigues
REVISÃO	Ana Lúcia Wehr
PRODUÇÃO EDITORIAL	Adrielli de Almeida
DIAGRAMAÇÃO	Andrezza Libel
CAPA	Eneo Lage
REVISÃO DE PROVA	William Rodrigues
ARTES	Luiz Castro
IMAGENS	Freepik
	Pixabay
	Royalty-Free Vector
	Wikimedia Creative Commons
	OpenClipart-Vectors

Agradecimentos

As autoras gostariam de agradecer a Luiz Castro, por todo o suporte técnico necessário e as artes desenvolvidas para o trabalho. Gostariam também de agradecer à família, como pais, irmãos, maridos e filhos, que nos dão sempre o apoio que precisamos e que incentivaram a levar adiante esta publicação.

Nosso muito obrigada aos amigos da nossa Família Meteorítica da Astronomia, que nos incentiva onde quer que eles estejam. Nosso agradecimento também aos amigos e parceiros queridos do trabalho do dia a dia. Assim, nosso muito obrigada em especial ao coordenador do LABSONDA/IGEO/UFRJ, Julio Mendes, por sempre nos dar espaço para as pesquisas e todas as atividades das Meteoríticas. Também a Iara Ornellas, Diana Andrade, Mariana Rocha, Wania Wolff, Sara Andrade, Sarah Maciel e Edson Jequecene, por todo a apoio técnico e de pesquisa com os meteoritos. Não podemos esquecer de incluir nosso agradecimento aos nossos cãezinhos de estimação, que, durante todo o processo de escrita, estiveram ao lado, dando sempre seu carinho e suporte emocional.

Nosso agradecimento também vai para os queridos amigos Felipe Monteiro, André Moutinho, Marcelo Adorna Fernandes, Leidiane Ferreira e Catherine Corrigan (Smithsonian Institution), que contribuíram com o nosso trabalho disponibilizando suas imagens ou informações.

Não poderíamos esquecer de agradecer profundamente a toda a equipe da editora Appris, pelo excelente trabalho e suporte, assim como nossos leitores, pois, sem o interesse e a curiosidade sobre a ciência, a história e os meteoritos, não teríamos a motivação de produzir este trabalho tão especial.

Carta ao Leitor

Este é um projeto que nasceu de um dos períodos mais tristes e conturbados do século XXI, a pandemia da Covid-19. O curioso é que o nosso livro fala de diferentes períodos da história humana, passando por diferentes regiões e culturas, contudo, aqui estou falando de algo que nasceu quando o mundo todo se unia para atravessar o mesmo desafio ao mesmo tempo: o de sobreviver.

Sou uma química, com doutorado em Geologia, especializada em meteoritos e uma verdadeira amante de história. Há tempos, tornei-me uma apaixonada pela história da ciência, e minha primeira leitura no tema foi sobre Lavoisier, o Pai da Química. Desde então me fascinei em entender como algumas coisas foram descobertas. Pois bem, os primeiros meses de 2020, em completo *lockdown*, serviram para tirar o atraso de alguns trabalhos. Porém, após um período, aquele tempo custava a ser preenchido, pois, trabalhando em laboratório, era impossível produzir novos dados. Então, o que fazer? Escrever!

Sempre escutava a Beth falando nas apresentações sobre algumas histórias míticas, envolvendo deuses e meteoritos, como a deusa Cibele ou o deus Elagabalus. Então, por esses serem dois assuntos que me fascinavam, meteoritos e história, resolvi aprender mais sobre eles. Ela tinha em sua coleção pessoal algumas revistas e documentos que me ajudaram a estudar essas histórias nesses longos meses de *lockdown*. Contudo, muitas informações estavam espalhadas, e eu me perdia no contexto histórico, precisando buscar por mais conteúdo. Santa Internet! Foi então que resolvi reunir a história dos meteoritos com o contexto histórico que embasava os acontecimentos, como guerras, adorações, venerações, cultos, ou até mesmo utilização dos meteoritos para confeccionar artefatos.

Eu, Beth e Diana Andrade formamos um grupo de mulheres cientistas da UFRJ, chamado *As Meteoríticas*, que estuda e caça os meteoritos, além de trabalhar com divulgação científica. Obviamente, em plena pandemia, ficamos quase impossibilitadas de trabalhar e, por essa razão, resolvemos fazer matérias sobre diversos assuntos de meteoritos para divulgar no nosso site. Assim, eu comecei a escrever quinzenalmente sobre conteúdos relacionados a meteoritos, envolvendo diferentes culturas e civilizações. Certa vez, estalou-me a ideia de compilar todas essas histórias e fazer um livro. Nascia, assim, o *Histórias de Meteoritos ou Meteoritos na História?*.

Porém, tirá-lo do papel não foi tarefa fácil, porque, em pleno processo de produção e com a cabeça fervilhando de ideias para o livro, eis que cai, em pleno sertão de Pernambuco, em 19 de agosto de 2020, o meteorito Santa Filomena. Coincidentemente, eu e Beth tínhamos conseguido autorização para voltar às atividades em laboratório nesse mesmo dia, quando, no final da manhã, soubemos da queda do meteorito e logo compramos as passagens aéreas. No dia seguinte, já estávamos na cidade e lá fizemos um trabalho de campo de 15 dias com a Diana e Sara Nunes. Lá vivemos uma verdadeira aventura caçando meteoritos, com muita história para contar. Após essa queda, foi impossível dedicar tempo e concentrar-me no livro, pois, quando voltamos de viagem, logo corremos para classificar o meteorito Santa Filomena e submeter sua classificação para, assim, tornar nosso meteorito brasileiro oficial. No meio desse processo, soubemos de um novo meteorito encontrado no interior de Minas Gerais, na cidade de Tiros. Esse acabou sendo mais um trabalho de campo inesquecível, no qual o meteorito também precisava ser estudado e oficializado, demandando mais tempo e dedicação.

Dessa maneira, o tempo foi passando, a rotina aos poucos voltando para uma normalidade, e, infelizmente, o projeto ficando para trás. Acredito que muitos que passarão por aqui irão se identificar com esta frustração: ter várias ideias e projetos, mas com a rotina acelerada, acabar deixando os sonhos cada vez mais distantes. Porém, de repente algo mudou, quando minha querida amiga Diana me disse uma frase: *"O urgente é inimigo do importante, então a gente sempre faz o que é urgente primeiro e deixa de fazer o importante"*. Essa frase chegou no momento mais oportuno, que eu realmente estava pensando muito no livro, então ela funcionou como um combustível de foguete. Na semana seguinte, comecei a organizar sua estrutura e imaginar como ele seria.

Depois de alguns meses, o livro estava pronto e agora aqui, para fazer você realizar uma verdadeira viagem não só no tempo, mas também visitando diferentes países, civilizações e culturas. Misturado a tudo isso, ainda temos os meteoritos, que por si só já são fascinantes. Eu sou suspeita para falar, mas escrever este livro foi muito prazeroso, pois, em cada pesquisa bibliográfica, era uma verdadeira enxurrada de conhecimentos novos, ainda mais para quem não é historiadora, nem de longe, apenas uma profunda curiosa no assunto e apaixonada pelos meteoritos. Assim me despeço de você, desejando-lhe uma boa leitura e uma boa viagem!

Amanda Tosi

Sumário

INTRODUÇÃO 15

1
A PEDRA NEGRA DE KAABA:
UMA MENSAGEM DE ALÁ PARA ADÃO E EVA 21

2
O HOMEM DE FERRO:
A IMAGEM BUDISTA LEVADA PELOS NAZISTAS 33

3
OS METEORITOS NAS PRIMEIRAS ESCRITAS DA CIVILIZAÇÃO 49

4
OS METEORITOS NO EGITO ANTIGO:
DE "SEMENTES DO CRIADOR" À ADAGA DE TUTANCÂMON.......... 57

5
CIBELE E A "PEDRA" QUE EXPULSOU OS EXÉRCITOS DE ANIBAL ... 69

6
ELAGABALUS: O DEUS SOL REPRESENTADO
PELA PEDRA NEGRA DE EMESA.. 81

7
PRAMBANAN:
O METEORITO NO PAMOR DA ADAGA *KRIS*............................ 89

8
O METEORITO CAPE YORK E A SOBREVIVÊNCIA
DO POVO INUÍTE NA GROENLÂNDIA 105

9

A ORIGEM DO POVO DE AZTLÁN E TOLUCA,
O SEU "FERRO DO CÉU" 121

10

CAMPO DEL CIELO: O "SOL" QUE CAIU NA TERRA 139

11

ENSISHEIM: O METEORITO ENVIADO POR DEUS
QUE "VENCEU" A BATALHA CONTRA OS FRANCESES 155

12

L'AIGLE: A CHUVA DE "PEDRAS"
E A ORIGEM ESPACIAL DOS METEORITOS 167

13

EM BUSCA DOS MUSEUS DE NININGER:
O PAI DA METEORÍTICA MODERNA 183

REFERÊNCIAS 195

APÊNDICE 1
ORIGEM, DEFINIÇÃO E CLASSIFICAÇÃO DOS METEORITOS 213

APÊNDICE 2
A COLEÇÃO DE METEORITOS DO MUSEU NACIONAL 231

NOSSAS PÁGINAS 235

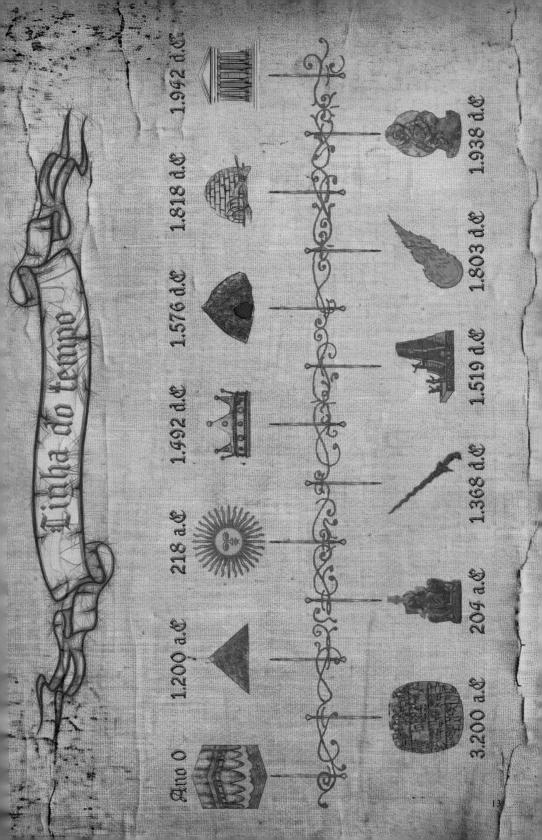

Introdução

Tudo começou quando rochas começaram a cair do céu, vindas do espaço, a mais de 200 milhões de quilômetro da Terra, de um lugar que até poderia ser a órbita de um planeta, mas permaneceu apenas como o Cinturão de Asteroides[1]. Acredita-se que algumas vieram até de mais longe, talvez do Cinturão de Kuiper[2], além de 30 unidades astronômicas (UA)[3], ou até mesmo de uma região quase no limite do Sistema Solar, a Nuvem de Oort[4], que está distante de nós a incríveis 50 mil UA (1 ano-luz). Outras até vieram de planeta, sendo uma amostra grátis do que um dia descobriremos pessoalmente em Marte, mas só as futuras gerações, é claro. Porém, temos exemplares de rochas que vieram de mais perto, trazendo informações sobre nosso satélite natural, a Lua. Isso é só um breve resumo das descobertas e suposições baseadas em todo o conhecimento que a Astronomia e a Ciência Meteorítica fizeram até hoje. Contudo, todo esse "universo" era desconhecido da maioria das civilizações ao longo da história da humanidade.

A Astronomia acompanhou de perto nossa evolução, sendo a mais antiga das ciências, com uma extensa história de construção. A observação do céu, com suas estrelas e constelações, foi entendida por muitos povos como uma maneira de contar o tempo por meio de ciclos periódicos, em que desenvolveram calendários, principalmente, a partir do Sol e da Lua. Eles foram úteis na programação do plantio e da colheita, da caça e dos ciclos de migração, assim como na organização de festividades religiosas. Os polinésios, por exemplo, aprenderam a navegar por meio de suas observações celestes. Os calendários também eram utilizados para fazer previsões mistificadas do futuro, num período que não existia diferença entre a Astronomia e a Astrologia[5].

---

[1] Cinturão de Asteroides: região do Sistema Solar formada por múltiplos objetos irregulares denominados asteroides. Essa região está localizada entre as órbitas dos planetas Marte e Júpiter.

[2] Cinturão de Kuiper: região do Sistema Solar entre as órbitas de Netuno, a 30 unidades astronômicas (UA), até, aproximadamente, 50 UA do Sol.

[3] Unidade Astronômica: unidade da distância média entre a Terra e o Sol. 1UA = 149,6 x 10^6 km ou, aproximadamente, 150 milhões de quilômetros.

[4] Nuvem de Oort: nuvem esférica de planetesimais voláteis de onde se originam os cometas, localizada a cerca de 50.000 UA ou quase um ano-luz (9.46 trilhões de quilômetros).

[5] Astrologia: pseudociência que estuda as posições relativas dos corpos celestes e afirma prover informação sobre a personalidade, as relações humanas e outros assuntos relacionados à vida do ser humano.

Entre os povos que já usavam o céu para contar o tempo, estavam os babilônicos, egípcios, hebreus, gregos, romanos, chineses, maias, astecas, entre outros. Contudo, faltavam-lhes ferramentas para compreender que algumas "estrelas" eram, na verdade, planetas, como o caso de civilizações antigas que chamavam o planeta Vênus de Estrela D'Alva. Apesar disso, alguns planetas já eram conhecidos de algumas civilizações, como a Grécia Antiga, que teve Aristarco de Samos (310 a.C.-230 a.C.) como o primeiro a propor o modelo heliocêntrico[6] do Sistema Solar no século III a.C, endossado séculos depois por Nicolau Copérnico (1473-1543). Até que, em 1609 d.C., Galileu Galilei (1564-1642) aponta sua luneta para o céu, revolucionando tudo que se conhecia da Astronomia até então. A partir daí, cientistas renomados, como Johannes Kepler (1571-1630), Isaac Newton (1643-1727), Willian Herschel (1738–822), entre muitos outros, embasados tanto nos conhecimentos anteriores como nas novas observações, abriram os caminhos para a construção de todo nosso conhecimento atual e futuro.

Mas e as tais rochas que caem do céu? Da mesma maneira, na maior parte da nossa história, o conhecimento científico sobre elas ficou reservado a apenas os últimos 200 anos, quando o Iluminismo do século XVIII trouxe uma visão inteiramente nova, com abordagens baseadas nas leis da física para fenômenos desconhecidos. Foi assim que começou a Ciência Meteorítica, em 1794, com o físico alemão Ernst Chladni (1756-1827), que publicou seus estudos sobre os meteoritos e sugeriu uma origem espacial para essas rochas. No entanto, ele foi desacreditado por nomes como Issac Newton e Antoine Lavoisier (1743-1794), que seguiam um pensamento aristotélico sobre o fenômeno de pedras caindo do céu. Apenas em 1803, com a queda de uma verdadeira chuva de meteoritos sob a cidade francesa de L'Aigle, que Jean-Baptiste Biot (1774-1862), a partir de um rigor científico, conseguiu comprovar que essas rochas eram de fato objetos oriundos do espaço, e não formados na atmosfera.

Todavia, antes disso, a maioria das civilizações via esse fenômeno como mensagens dos céus enviadas pelos deuses. Não era de se estranhar, uma vez que essas quedas muitas vezes vinham acompanhadas de um brilho imenso e um estrondo assustador, como se quisesse realmente dizer alguma coisa. Dessa forma, as testemunhas de fenômenos, como a passagem de meteoros e cometas pelo céu, assim como quedas de "pedras"

---

[6] Heliocentrismo: modelo que coloca o Sol no centro do Sistema Solar, em contraste com o modelo geocêntrico, que previa a Terra no centro, com os demais corpos celestes girando ao seu redor.

lançadas a Terra, interpretavam aquilo como um sinal divino. Para muitos, eles eram entendidos como sinal de boa sorte, seja na colheita, seja na guerra e para comunidade em geral. Alguns acreditavam, no entanto, que tal fenômeno era uma mensagem do diabo ou um sinal de mau presságio, como os Astecas.

Essas crenças foram registradas desde o final da Pré-História, quando a escrita passou a fazer parte da mudança que daria origem às primeiras civilizações humanas. Isso aconteceu quando os antigos nômades encontraram as terras férteis do Oriente Próximo e ali fundaram as primeiras cidades de Ur, Uruk e Nipur. Nos seus tabletes de argila, os sumérios documentaram a primeira forma de registro escrito, a linguagem cuneiforme. Assim, a expressão *an-bar* é o mais antigo vocábulo designativo para a palavra ferro na linguagem suméria. Os pictogramas usados representavam "céu" e "fogo", onde o ferro é traduzido como metal celeste ou metal estrela. Outras civilizações também fizeram diversas menções em seus registros, como os egípcios, em cujos primeiros hieróglifos a palavras biA era eventualmente traduzida como ferro. Mais tarde, uma nova palavra para se referir ao ferro foi encontrada nos seus textos, sendo agora *biA-n-pt*, que, pela tradução, significa "ferro do céu". De maneira semelhante, a palavra hebraica para ferro, *parzil*, e o equivalente em assírio, *barzillu*, são derivados de *barzu-ili*, que significa "metal de deus" ou "do céu". Além disso, o povo hindu-europeu, em sua linguagem hitita, usava o termo *ku-na* para atribuir o mesmo significado de "ferro do céu". Sem falar que essas pedras fizeram parte de epopeias, poemas e histórias contadas em textos de diferentes culturas.

Dessa forma, existiram diversas pedras adoradas, como baetil, espalhadas em todo o mundo, transcendendo lugares, culturas, religião e o próprio tempo. São inúmeras as civilizações que criaram devoções, cultos e templos para tais pedras, acreditando que, dessa maneira, estariam se conectando com sua divindade suprema. Tiveram também aqueles que não adoravam, mas utilizavam as pedras metálicas como matéria-prima para confecção de artefatos usados na agricultura, caça e defesa, como pás, machados, pontas de lança e facas. Mais ainda, alguma dessas culturas, como os egípcios, utilizaram o "ferro do céu" para produzir adagas utilizadas em cerimônias de sepultura, acreditando que os fenômenos naturais associados à chegada do meteorito pudessem intensificar a potência do ritual. Tiveram também aqueles usados para fazer esculturas, como o Homem de Ferro, uma estátua mística na forma de um homem com uma suástica em sua armadura, esculpido em ferro meteorítico.

Assim, nos textos de Tito Lívio, ele fala sobre a história de uma pedra negra que simbolizava Cibele, a deusa da Frígia, que, por sua vez, os gregos acreditavam ser a reencarnação de Reia, e os romanos se referiam a ela com a Grande Mãe. A devoção à deusa e à pedra aumentou quando Cibele expulsou o exército inimigo que ameaçava o povo de Roma – pelo menos era assim que a crença os fizera acreditar. Outra pedra negra também se tornou sagrada quando o anjo Gabriel revelou para Abraão onde estava a pedra enviada para Adão, antes do Grande Dilúvio. Abraão a encontrou e assim reconstruiu a Kaaba, o primeiro templo construído por Adão e que hoje abriga a pedra que o povo de Maomé acredita ser a casa de Deus. Outra pedra negra adorada foi associada ao deus sírio Elagabalus, que foi transportada de Emesa para Roma por ordem de Heliogabalus, imperador de Roma. Rituais e sacrifícios foram feitos em nome do seu deus, que agora estava no Monte Paladino. Algumas moedas da época relembram a pedra sendo carregada em carruagem com processões demasiadamente extravagantes, até que Heliogabalus fora assassinado.

No Japão, Kusanagi-no-Tsurugi era uma espada lendária, tal como a espada Excalibur do Rei Artur na Grã Bretanha. A espada japonesa, também chamada de Ama-no-Murakumo-no-Tsurugi, que, no sentido literário, significa "Espada das nuvens do céu", indica fortemente uma origem celeste para o ferro utilizado em sua confecção. Foi inclusive no Japão que o primeiro meteorito foi oficialmente visto cair, em 19 de maio de 861, na cidade de Nogata, recebendo um templo de adoração e o nome da cidade. Além do Nogata, outro meteorito que teve sua pedra e história preservadas foi o de Ensisheim, na França. Ele caiu em 7 de novembro de 1492 e, a princípio, foi aprisionado porque acreditaram ser um objeto do diabo. Quando Maximiliano, rei dos romanos, passou pela cidade, soube do acontecido e concluiu que esse seria o sinal divino de sua vitória sobre os franceses, levando consigo um pedaço do meteorito rochoso como talismã.

Já no Novo Mundo, os primeiros humanos a povoarem as Américas deram origem aos esquimós, quando uma das comunidades nômades habitou a quase inóspita Ilha da Groenlândia. Eles provavelmente sobreviveram graças ao ferro meteorítico que encontraram próximo a Cape York para confeccionar seus artefatos de caça. Quando os europeus encontraram seu povoado, eles estavam isolados do mundo, nunca tendo antes contato com outra civilização. Outros ameríndios a terem conhecimento dos meteoritos metálicos foram os Astecas. Eles provavelmente também se originaram da primeira migração da Sibéria para as Américas, quando tribos se dirigiram para as regiões centrais do Novo Continente. Eles desenvolveram técnicas agrícolas e usaram o "ferro do céu" para produzir artefatos. Quando os espanhóis chegaram ao Golfo do México, ficaram impressionados como a civilização asteca possuía aquele "ferro puro" sem fornos de fundição. Quanto à Sibéria, apesar de não estar inserida no território do Novo Mundo, ela provavelmente foi a passagem dos primeiros povos para as Américas, como também foi o lugar onde descobriram, em 1749, o primeiro meteorito misto (composto por partes metálicas e rochosas). Esse meteorito recebeu o nome de Krasnojarsk, sendo, inclusive, mencionado no relatório de Chladni de 1794, que defendia a origem espacial dessas rochas. Nesse meio tempo, em 1771, Peter Pallas (1741-1811) foi o primeiro europeu a visitar o local de Krasnojarsk e relatou que essa pedra era considerada pelos locais como um objeto sagrado caído do céu. Ele descreveu essa rocha como algo diferente de todas as outras, mas com o ferro nativo parecido com os demais. Por isso, anos depois, o grupo de meteoritos mistos com as mesmas características recebeu o nome de Palasito. Voltando para a América, mais precisamente, para a região de Ohio, nos Estados Unidos, outra sociedade que se desenvolveu foi o povo de Hopewell. Escavações arqueológicas descobriram uma variedade de objetos confeccionados com ferro meteorítico por essa civilização, que incluía joias, facas, brocas, entre outras coisas. Além disso, também foram encontrados indícios de adoração a objetos feitos a partir desse ferro, como um cocar, contas e outros ornamentos, sobre um altar de uma sepultura. A fonte desse ferro foi na região do Kansas, que estava a uma distância de mais de 1500 quilômetros dos Hopewells, mas foi de lá que os nativos extraíram o ferro do meteorito do mesmo tipo estudado por Pallas, nomeado depois de meteorito Brenham. Mais ao sul do continente, na região da Argentina, os nativos indígenas tinham o conhecimento de outro meteorito metálico, no qual deram o nome de Piguem Nonralta para o local da pedra. Quando os espanhóis dominaram as terras sul-americanas, souberam de um tal ferro nativo usado pelos indígenas, e uma expedição foi enviada a mando do governador da província, em 1576. O nome do local traduzido para o espanhol significava Campo del Cielo, que, para nós, quer dizer Campo do Céu. Assim, muito provavelmente, a queda desse meteorito, estimada em 2000 a.C., pode ter sido testemunhada pelos ancestrais dos habitantes locais.

Como essas histórias, ainda existe uma infinidade de outras envolvendo meteoritos a serem contadas, como a imagem da Ártemis de Éfeso, que era o objeto central do Templo de Ártemis ou Diana[7], sobre a qual se

---

[7] Templo de Ártemis ou Templo de Diana: localizado em Éfeso, era o maior templo do mundo na Grécia helenística, eleito uma das sete maravilhas do Mundo Antigo. Foi construído para a deusa grega Ártemis, da caça e dos animais selvagens, conhecida pelos romanos como Diana.

acredita que tenha caído do céu. Outra é sobre o ancil, um escudo sagrado que diziam ter caído dos céus no tempo do segundo rei romano, Numa Pompílio (753 a.C.-673 a.C.). Também tem a história da grande rocha que caiu perto de Egos-Pótamos, um rio da antiga região da Trácia, em 467 a.C. De acordo com o livro de Plínio, o Velho (23-79), essa pedra marrom também teria vindo dos céus. Inclusive, sua queda coincidiu com a passagem de um cometa, que possivelmente pode ter sido o primeiro registro do Cometa Halley.

Logo, é notório o quanto os meteoritos foram testemunhados, adorados e usados ao longo da história humana. Inclusive, a palavra siderurgia é derivada do termo latino *sider*, que significa estrela ou astro, evidenciando o primeiro contato do homem com o ferro nativo por meio dos meteoritos. Além de tudo, também fica evidente como é difícil muitas vezes separar o imaginário do real nas narrativas das diferentes culturas. Os contos antigos foram repassados entre as diversas gerações, nas quais os fatos se misturavam ao enigmático, tornando-se quase lendas, que, por sua vez, os iluministas combateram ao trazer seu lado racional acima do obscurantismo. Contudo, não tem como negar que as crenças e as lendas tornaram essas histórias incrivelmente mais fascinantes e atraentes para serem repassadas a cada geração. Aqui, apenas algumas delas serão contadas, para que, quem sabe, a gente possa encontrar-se num próximo *Histórias de Meteorito ou Meteoritos na História?*.

1

A Pedra Negra de Kaaba: Uma mensagem de Alá para Adão e Eva

Adão e Eva foram banidos do Paraíso, porém Deus envia uma pedra do "céu" e ordena Adão a construir um altar para exaltar o seu Nome. Esse seria o primeiro templo da Terra. Então veio o Grande Dilúvio, e apenas Noé com sua família são representantes da humanidade para salvar a Criação. De Noé, descendeu Abraão, que recebeu o Arcanjo Gabriel, para lhe informar o local do antigo Templo de Deus com sua pedra, e o reconstrói. Durante séculos, tribos pagãs usaram o templo para adoração de diferentes deuses. Eis que, então, nasce em Meca o profeta Maomé. O templo é novamente reconstruído, e Maomé é o escolhido para colocar a pedra de Deus no lugar e acabar com o paganismo. Ele a beija e a coloca em um dos cantos da Kaaba, o templo de Alá, permanecendo até hoje como a sagrada Pedra Negra de Kaaba. Será essa pedra um meteorito? Essa é primeira das nossas Histórias de Meteorito ou Meteoritos na História?

Fonte: commons.wikimedia.org

A Mensagem do "Céu" para Adão e Eva

Deus, do pó da terra e de um sopro de vida, fez Adão[8], que da sua costela criou Eva[9], e lhes atribuiu o destino da multiplicação de toda a humanidade. A eles foi concedido o Jardim do Éden, o Paraíso com árvores de todas as espécies, onde no centro estava a árvore do conhecimento do bem e do mal. Eva foi tentada pela serpente a comer o fruto proibido dessa árvore, oferecendo também para Adão, o que provocou a ira de Deus e a expulsão do casal do Paraíso. Assim, Adão e Eva foram os primeiros seres humanos criados por Deus à sua imagem, que cometeram o pecado original da desobediência, de acordo com o mito da criação da fé judaico-cristã relatado no *Gênesis*, o primeiro livro do *Antigo Testamento da Bíblia*.

Banidos do Paraíso e destinados agora a uma vida de trabalho e sofrimento, Deus os chama para as responsabilidades de seus atos e os impõem a cuidar da terra que será herdada por seus descendentes. Os primeiros foram Caim, Abel e Sete, dentre muitos filhos. Caim foi o primeiro assassino da história, que, por sua inveja, matou Abel; e Sete, o ancestral de Noé. Pais da humanidade, Adão e Eva transmitem assim o pecado original, no qual todos os que descendem de sua carne possuem a natureza corrompida e afastada de Deus, isso segundo os cristãos.

De acordo com as narrativas islâmicas, ao serem expulsos de Jannah (Éden Celeste), Adão e Eva foram enviados para montanhas diferentes na Terra e por lá ficaram até se arrepender de seus pecados. Por essa razão, o conceito de "pecado original" não existe, uma vez que Alá (Deus no islamismo) perdoou os seus pecados.

Eis que, então, segundo o islamismo, uma pedra caiu de Jannah para mostrar a Adão e Eva onde construir um altar. Este se tornou o primeiro templo na Terra de adoração a Deus. Para os muçulmanos, fiéis da religião islâmica, a pedra vinda do "céu" era inicialmente branca, tornando-se negra devido aos pecados das pessoas que a tocavam. Para muitos, ao longo da história, acredita-se que essa Pedra Negra seja um meteorito.

---

[8]   Adão: nome originado da palavra hebraica Adám, que significa homem, da terra. Em árabe, Ãdam, significa homem de sangue.

[9]   Eva: nome originado da palavra hebraica HaVVah, que significa mãe dos sobreviventes, associado ao verbo HaYaH, que significa viver.

O Grande Dilúvio

Sete, nascido após o assassinato de Abel, foi pai de Enos, que, por sua vez, teria em sua linhagem Noé, o homem justo que sobreviveu ao dilúvio. Segundo a tradição hebraica, também incorporada pelo cristianismo e islamismo, o Grande Dilúvio (2349 a.C. e 2348 a.C) ocorreu 10 gerações após a existência de Adão e Eva e veio do arrependimento de Deus por criar o homem. Para Deus, a humanidade estava corrompida pela maldade, e, como forma de punir a falta de moral, além da desobediência às regras e à religião, Ele fez chover por 40 dias e 40 noites, inundando toda Terra.

Noé, por ser considerado o único justo aos olhos de Deus, recebeu ordens do Senhor para a construção de uma arca, para salvar a Criação do dilúvio, pois seria como fazer o mundo voltar ao seu estado inicial, permitindo uma purificação e um recomeço. Assim, recebeu as instruções para construir a arca de madeira, salvando macho e fêmea de cada ser vivo, assim como a sua própria família.

Ao fim de 150 dias de dilúvio, as águas diminuíram e, no décimo sétimo dia do sétimo mês, a arca atracou no Monte Ararate. Depois de alguns dias, quando as aves deram o sinal, Noé e todas as espécies vivas desembarcam da arca com a missão de repovoar a Terra. De Noé, nasceram Sem[10], Cam e Jafé após o dilúvio, e de seus filhos descendem toda a humanidade, segundo a fé islâmica e judaico-cristã também chamadas de religiões abraâmicas[11].

Da linhagem de Sem nasceu Terá, pai de Abraão, com uma distância de 20 gerações desde Adão no início da Criação. A pedra do "céu" enviada do Paraíso foi colocada no altar construído por Adão, mas tanto a pedra

---

[10] Sem: um dos filhos de Noé, que deu origem ao termo Semita, que designa um conjunto linguístico e cultural de vários povos, que acreditam tê-lo com ancestral. Os Semitas tiveram origem no Oriente Médio, com práticas do pastoreio e do nomadismo. Esses antigos povos identificados pela fala semítica envolvem os arameus, assírios, babilônios, sírios, hebreus, fenícios e caldeus. Os Semitas estão intimamente ligados com a origem das três grandes religiões abraâmicas devido à grande expansão dos semitas no mundo. Os primeiros semitas usavam pedras incomuns para marcar locais de culto, refletido no Alcorão e na Bíblia Hebraica.

[11] Religiões Abraâmicas – As três principais religiões abraâmicas são, em ordem cronológica de fundação: o judaísmo, o cristianismo e o islamismo. Essa designação é em referência à sua descendência comum de Abraão, compondo o maior número de adeptos no mundo. As semelhanças entre elas é que são monoteístas e concebem Deus como uma figura de um criador e fonte de lei moral, partilhando as narrativas sagradas, na maioria das vezes, com os mesmos valores, histórias e lugares, embora, muitas vezes, os apresente com diferentes funções, perspectivas e significados. As diferenças internas entre elas são com base, principalmente, em detalhes de doutrina e prática, algumas vezes ocasionando guerras. No Judaísmo, Jeová, e o livro sagrado é o Torá. No Cristianismo, Deus, e o livro sagrado é a Bíblia. No Islamismo, Alá, com o livro sagrado Alcorão. A Torá são os cinco primeiros livros da Bíblia (Pentateuco – Gênesis, Êxodo, Levítico, Números e Deuteronômio), que conta a história de Israel desde a criação até a morte de Moisés no Antigo Testamento.

quando o templo foram soterrados e esquecidos com o Grande Dilúvio. Assim, Abraão recebe o anjo Gabriel, que lhe revelou o local original e lhe deu a missão de reconstruir o Templo de Alá.

A Kaaba Reconstruída por Abraão

Kaaba (*al-Ka'bah*), em árabe, significa cubo, sendo esse o formato da construção de Adão, com a ajuda dos anjos e orientação divina, segundo os islâmicos. Com o tempo e o dilúvio, ela foi sendo soterrada junto da Pedra Negra (*al-Hajar al-Aswad*) e desapareceu, porém os alicerces continuaram. Então, Alá ordenou que Abraão deixasse a cidade prometida Canaã, junto de seu filho Ismael, e seguisse para Meca, a fim de reestabelecer a antiga casa de Deus.

Abraão nasceu na antiga cidade de Ur dos Caldeus, cidade ao sul da Babilônia, sendo um centro comercial, cultural e religioso com templos dedicados a vários deuses pagãos na antiga Mesopotâmia (atual Iraque). Ele viveu por volta do ano de 1800 a.C. Sua história começa quando ele é solicitado por Deus a sair de sua cidade natal com sua família e seguir em direção a Canaã[12] (atualmente Estado de Israel), prometendo dele formar uma grande nação e que abençoaria todos os povos da terra por meio dele. O Senhor disse:

> Sai do teu país e da tua parentela e da casa do teu pai para a terra que te mostrarei. E farei de ti uma grande nação, e te abençoarei e engrandecerei o teu nome, para que sejas uma bênção. Abençoarei aqueles que te abençoarem e amaldiçoarei aquele que te desonrar, e em ti serão benditas todas as famílias da terra (Gênesis 12: 1-3).

Em sua jornada, Abraão teve que enfrentar vários desafios, como a fome, a separação do seu sobrinho Ló, a esterilidade de sua esposa Sara, entre outras provações. Contudo, durante todo o tempo, Abraão teve fé e se mostrou paciente, generoso e, acima de tudo, submisso a Deus.

Quando chegaram à terra prometida, Sara, sua esposa legítima e meia-irmã, ofereceu sua escrava egípcia Hagar para gerar seu primeiro filho, Ismael. Porém, Deus, como prometera, concedeu a graça divina para Sara gerar Isaque, o segundo filho de Abraão. De seus descendentes, Ismael é o ancestral do povo árabe, enquanto os judeus são da linhagem de Isaque.

---

[12] Canaã: antiga denominação da região correspondente à área do atual Estado de Israel, da Faixa de Gaza, da Cisjordânia, da parte da Jordânia, do Líbano e de parte da Síria.

Sara, em sua rivalidade com a concubina Hagar, pede que Ismael e sua mãe se vão, obrigando Abraão a enviar Hagar e seu filho para o deserto de Parã (região entre o Egito e a Arábia Saudita). Quando Ismael chega à juventude, Deus então ordena a Abraão que ele reconstrua a Kaaba junto de seu filho Ismael, a partir dos alicerces originais. Foi quando o Arcanjo Gabriel teria revelado a Abraão onde se encontrava o local sagrado do altar de Adão.

Abraão e Ismael construíram a Kaaba sem telhado, mas com portas ao nível do solo nos lados leste e oeste, à semelhança da casa de Alá no céu. Ao final, Abraão coloca a Pedra Negra no canto leste da estrutura, no qual se acredita ter um significado ritual, pois, nessa posição, a pedra enfrenta o vento leste que traz chuva (*al-qabul*), sendo também a direção onde a estrela Canopus nasce. Por ordem de Deus, Abraão convoca a humanidade para a peregrinação à "casa antiga" (*al-bayt al-atiq*), dando início ao ritual de peregrinação dos muçulmanos a Meca, sendo anterior à revelação do Alcorão com o envio do profeta Maomé (Mohammed). Para o povo islâmico, Abraão foi um dos profetas enviados por Alá para guiar a humanidade e ensinar a fé monoteísta, uma vez que a Terra estava dominada pelo paganismo com diferentes deuses. Assim, o chamado de Abraão é um evento importante na história da religião muçulmana.

Com o tempo, a Kaaba em Meca foi reconstruída novamente ao longo de várias gerações, inclusive por Qusayy ibn Qilab, líder da tribo coraixita[13], do árabe *Quraysh*. A tribo era a responsável e guardiã da Kaaba, assim como de seus peregrinos que vinham de diferentes locais do Oriente Médio, e realizava cultos e oferendas religiosas a vários deuses, tendo várias pedras veneradas por todos os cantos. Logo, o templo mais antigo da Terra, construído para adoração a Deus, acabou sendo usado por pagãos, segundo a religião muçulmana, antes mesmo que o Islã existisse. Dessa maneira, o politeísmo, com a adoração a diversos deuses, permaneceu a crença dominante na região da Arábia Saudita pré-islâmica até o século IV. Para isso, a Terra precisaria de outro profeta para restaurar a ordem divina de Alá.

Nasce o Islamismo

Em Meca, no dia 22 de abril de 570 d.C., nascia o profeta Maomé, também conhecido como Mohammed. Ele pertencia à tribo hashemita, originado de um clã árabe Banu Hashim, pertencente à tribo dominante dos coraixitas.

---

[13] Coraixitas: eram os integrantes da tribo árabe dominante na cidade de Meca durante o surgimento do islamismo. Era a tribo à qual pertencia a linhagem de Maomé, assim como a primeira a liderar uma oposição inicial à sua mensagem.

O nome da tribo foi dado após o grande ancestral da Família Hashemita, Hashem (*Hashim ibn Abd Manaf*), bisavô de Maomé. Atualmente, todos os que descendem do último profeta islâmico são chamados de hashemitas.

Antes de ser considerado profeta, Maomé já era adorador de Alá, junto de seus pais e muitos membros do clã hashemita. Nos primeiros anos do século VII, Maomé já havia começado a sistematizar suas crenças, o que se tornaria, anos depois, as bases da fundação da religião islâmica. Até que, no ano de 610, na Caverna de Hira, localizada na montanha conhecida como Jabal al-Nour em Meca, Maomé recebe a revelação de Deus, por intermédio do Arcanjo Gabriel, e começa a pregar sua fé em Alá, baseada nos preceitos de Abraão. Obviamente, seus pensamentos e pregações iam contra o politeísmo instaurado pelos coraixitas, que naquele momento dominavam Meca e eram guardiões da Kaaba. Essa seria, para os futuros islâmicos, a guerra entre o monoteísmo abraâmico contra o paganismo de Meca.

Em 622, após 13 anos de perseguições das tribos pagãs, Maomé e seus seguidores fugiram para a cidade de Iatreb, posteriormente chamada de Medina, a cidade do profeta. Essa migração ficou conhecida como Hégira, no qual se tornou um dos eventos mais importantes da história muçulmana, marcando assim o início do calendário islâmico. Dois anos após muitos conflitos, em 16 de março de 624, ocorreu a Batalha de Badr nos arredores de Medina, com o enfrentamento entre os coraixitas e os adeptos do islã, do qual os crentes politeístas saíram derrotados. Esse foi um acontecimento decisivo e histórico, que afirmou de uma vez por todas o Islã como a nova religião na Península Arábica, abrindo caminho para a retomada de Meca.

Ao longo da década, diversas batalhas foram travadas, enfraquecendo os exércitos coraixitas, culminando na tentativa de entrada de Maomé e seus seguidores em Meca, no ano de 628. Com o impedimento, foi necessário um acordo de paz entre o profeta islâmico e os coraixitas de Meca, o *Tratado de Hudaybiyyah*, assinado no mesmo ano, permitindo a entrada em Meca de Maomé e os fiéis de Alá. Contudo, no ano de 630, um grupo de aliados de Maomé foi assassinado pelos coraixitas, violando o acordo de paz e forçando a tomada da cidade.

Assim, Maomé regressava para sua cidade natal com mais de 10 mil seguidores, como o mensageiro de Alá, o ancestral de Ismael. Os habitantes de Meca não se opuseram e se renderam, declarando paz e anistia geral. A partir desse momento, Maomé declarou Meca como o local mais sagrado do mundo Islã, considerada o centro espiritual dos muçulmanos, possuindo o primeiro templo, a Kaaba.

Quando Maomé regressou para a cidade de Meca, havia 360 ídolos pagãos ao redor da Kaaba, que, por sua vez, foram destruídos pelo novo líder religioso, restaurando a fé monoteísta. O local foi islamizado e dedicado novamente ao culto de Deus, onde a Pedra Negra de Kaaba foi polpada, a mesma pedra que décadas antes ele havia colocado naquele mesmo lugar.

Voltando um pouco na cronologia dos fatos, mais precisamente no ano de 605, quando Maomé ainda não era declaradamente um profeta, mas um adorador conhecido de Alá. Nesse período, Meca era ainda dominada pelos coraixitas, que possuíam tribos menores e foram responsáveis pela reconstrução da Kaaba. Porém, no momento de colocar a pedra de volta no seu lugar, surgiram conflitos entre vários membros das tribos, exigindo a honra de devolvê-la, o que levou a uma disputa tão séria, que houve ameaça de derramamento de sangue. Eis que, então, Maomé, conhecido à época como *al-Amin* (o Confiável), apareceu como um sinal de Alá e convidou os líderes das tribos a carregarem a Pedra Negra em um pano sobre o qual ele havia a colocado. Os membros dos clãs seguraram o pano onde estava a pedra e a conduziram para perto do novo Templo. Maomé então levantou a pedra, a beijou e a colocou no canto da parede da Kaaba, chamando-a de *Mão Direita de Deus na Terra*. Hoje, essa Pedra Negra é a joia mais sagrada do Islã, principalmente por ter sido tocada pelo mensageiro de Deus.

Dessa maneira, o Islã, em sua forma atual e final, se originou no século VII, em Meca. Seus fiéis muçulmanos acreditam que a religião islâmica é a versão completa e universal de uma fé primordial, que foi revelada muitas vezes por intermédio de profetas anteriores, como Adão, Abraão, Moisés (Musa), Jesus (Isa), além de outros. O Alcorão, o livro sagrado do Islã, que, para os muçulmanos, contém a palavra literal de Deus, foi escrito a partir dos versos entregues pelo Arcanjo Gabriel a Maomé ao longo de 23 anos.

Infelizmente, após a Kaaba ser reconstruída, ela sofreu ataques com danos significativos, e a pedra foi partida em pedaços. Um dos primeiros eventos foi o Cerco de Meca em 683, quando a Kaaba pegou fogo a partir de uma flecha flamejante e rachou a pedra em três partes grandes e alguns fragmentos menores. O outro evento que marcou a história da Kaaba foi em 930, quando a Pedra Negra foi roubada por uma pequena seita xiita chamada Carmatas e levada para sua base, na cidade de Hajar. A intenção do líder da seita era redirecionar o ritual do Haje para sua mesquita *Masjid al-Dirar*. Contudo, os muçulmanos continuaram sua peregrinação para Meca e direcionavam suas orações para a Kaaba. Por essa razão, 23 anos após o sequestro, em 1952, sob a condição de pagamento com um alto valor de resgate, a Pedra Negra foi colada, consertada com prata e devolvida para o seu antigo Templo.

O Ritual do Haje

A peregrinação anual dos muçulmanos em direção a Meca é chamada de Haje (*Hajj*), sendo ele um dos cinco pilares do islamismo[14], cujos fiéis devem fazê-lo pelo menos uma vez na vida. O seu principal propósito é seguir os caminhos e reproduzir os atos feitos por Abraão. Ao chegarem na cidade sagrada, eles participam de uma série de rituais chamados *tawäf*, nos quais os peregrinos dão sete voltas em sentido anti-horário ao redor da Kaaba. A Pedra Negra é um dos pontos centrais da cerimônia, pois, ao final de toda a peregrinação, os fiéis beijam a pedra, imitando o beijo de Maomé, de acordo com a tradição islâmica. A última peregrinação de Maomé foi no final de 632, o mesmo ano de sua morte, quando forma estabelecidos os ritos da peregrinação para todos os muçulmanos. Porém, é proibida a entrada de qualquer *cafir* (não muçulmano) em Meca, a fim de protegê-la da influência do politeísmo e de práticas semelhantes.

A cada ano, milhões de fiéis do islamismo realizam o *Hajj* e a *tawäf* na crença que esse ritual lhe trará a humildade verdadeira para conectá-los a Deus. Contudo, os muçulmanos não adoram a Kaaba ou a Pedra Negra em si, porque, para o islã, só é permitido apenas adorar a Deus. O que torna esses objetos extremamente sagrados é que essa é a casa de Deus. Dessa forma, eles rezam em direção a Kaaba, e qualquer mesquita no mundo estará direcionada à Meca. Para os islâmicos, isso é uma forma de disciplina e organização, com o intuito de canalizar a energia em apenas uma direção.

Esse é o encontro mais místico que um muçulmano fiel pode ter com qualquer objeto material. Para eles, a Pedra Negra tem um poder de se comunicar com as pessoas, como se ela tivesse algum poder de atração.

A Pedra Negra

Venerada nos tempos pagãos pré-islâmicos e colocada na parede do Templo por Maomé, atualmente a Pedra Negra se encontra cimentada no canto leste da Kaaba, conhecido como *al-Rukn al-Aswad*. Ela está envolta

---

[14] Cinco Pilares do Islamismo – profissão de fé: rezar e aceitar o credo (Chahada); preces rituais: orar cinco vezes ao longo do dia (Salah); caridade: doar dinheiro aos necessitados (Zakat); jejum: ritual de jejum do Ramadã (Saum); peregrinação: pelo menos uma vez na vida, fazer uma peregrinação a Meca (Hajj).

por uma moldura de prata que a deixa exposta em uma área de 20 x 16 cm. Outra pedra, conhecida como *Hajar as-Sa'adah* (Pedra da Felicidade), está colocada no canto oposto, a uma altura um pouco mais baixa do que a Pedra Negra. A Kaaba, localizada na grande mesquita *Al-Haram* em Meca, é coberta por um tecido preto com fios de ouro, chamado *kiswah*, que, por sua vez, é trocado todos os anos, e o removido é cortado e distribuído aos peregrinos.

Sua aparência física é a de uma rocha escura fragmentada, polida pelas mãos dos peregrinos. Para os muçulmanos, a sua cor preta simboliza a ausência de luz, prestando-se, principalmente, ao simbolismo da virtude espiritual essencial da pobreza de Deus, sendo necessária a extinção do ego para alcançar o Senhor. Contudo, a natureza da Pedra Negra tem sido muito debatida. Ao longo da história, com base nos relatos religiosos e nas descrições da pedra, muitos acreditaram tratar-se de um meteorito. Atualmente, com mais acesso às imagens e descrições mais detalhadas, pesquisadores questionam a origem espacial da rocha sagrada de Kaaba.

Imagem 1 – A Kaaba em Meca e o ritual do Haje

Fonte: Konevi em Pixabay.com

A primeira e mais antiga descrição é de uma pedra negra por fora e acinzentada por dentro, que caiu do "céu", o que faz todo o sentido para quem conhece os meteoritos. Isso porque a rocha é queimada durante sua passagem pela atmosfera terrestre, formando uma crosta de fusão preta em toda a sua superfície. Isso leva a uma suspeita de ser um meteorito rochoso, pois eles não são "queimados" por dentro e seu interior de cor mais clara permanece preservado. Essa descrição foi, de certa forma, confirmada nos tempos mais atuais por meio do relato de Ritter von Laurin, o cônsul-geral austríaco no Egito. Ele teve acesso a uma pequena amostra removida por Maomé Ali, em 1817; e nas suas observações ele diz que o material era escuro com um interior cinza prateado de granulação fina com minúsculos cubos de um material verde-garrafa embutidos. Alguns meteoritos classificados como acondritos, como os que são oriundos do asteroide diferenciado 4-Vesta, possuem grãos de mineral olivina com a cor verde-garrafa em meio a uma matriz de granulação mais fina.

Johann Ludwig Burckhardt, um explorador suíço e profundo conhecedor da língua árabe e religião muçulmana, foi o primeiro europeu a conseguir entrar disfarçado em Meca, no ano de 1814. Em seu livro publicado em 1829, *Viagens na Arábia* (*Travels in Arabia*), ele faz o seu relato sobre a pedra, afirmando ser de cor marrom-avermelhado profundo, aproximando-se do preto, como um basalto.

> É uma forma oval irregular, com cerca de 18 cm de diâmetro, superfície ondulada, composta por cerca de uma dezena de pedras menores, de tamanhos e formatos diversos, bem unidas com uma pequena quantidade de cimento e perfeitamente bem alisadas; parece que o todo foi quebrado em tantos pedaços por um golpe violento e depois unido novamente [...] . Pareceu-me uma lava, contendo várias pequenas partículas estranhas de uma substância esbranquiçada e de uma substância amarela. Sua cor é agora um marrom avermelhado profundo se aproximando do preto [...] (BURCKHARDT, 1829, p. 32).

Décadas mais tarde, em 1853, o britânico e explorador Richard Francis Burton, conhecido pelas suas viagens à Asia, África e Américas, descreveu a pedra de Kaaba de forma muito similar à Burckhardt, em seu livro *Peregrinação a Meca* (*Personal Narrative of a Pilgrimage to Al-Madinah and Meccah*). Ele diz:

> A cor me parecia preta e metálica, e o centro da pedra estava afundado cerca de cinco centímetros abaixo do círculo metálico. Ao redor dos lados havia um cimento marrom-avermelhado, quase nivelado com o metal, e descia até o meio da pedra. A moldura agora é um arco maciço de ouro ou prata dourada. A abertura na qual a pedra está tem um palmo e três dedos de largura. (BURTON, 1853, p. 161).

Baseado nos relatos de Burckhardt, Burton, entre outros, Paul Partsch, curador da coleção de minerais do gabinete de Viena do Império austro-húngaro, deu seu parecer favorecendo a origem meteorítica para Pedra de Kaaba em seu trabalho publicado em 1857. Porém, trabalhos recentes sugerem que a Pedra Negra não tenha origem espacial, levantando a hipótese de alguns minerais ou até mesmo a possibilidade de ser vidro impactito, oriundos de uma cratera terrestre gerado pela queda de um meteorito.

Dietz e MacHone, em dois trabalhos publicados no ano de 1974, refutam a ideia do baetil ser um meteorito, de acordo com o relato de um geólogo árabe experiente, além de Farouk El-Baz, também geólogo do Instituto Smithsonian, que fez a peregrinação a Meca. Eles sugerem o mineral ágata[15] como a possível natureza mineralógica da pedra, devido a uma das evidências ser a observação de anéis de difusão na rocha. Outro detalhe mencionado é a pedra parecer ter um polimento brilhante, típico de rochas contendo apenas um mineral após fricção, diferente de um granito ou gabro, por exemplo. Eles levantam a remota hipótese de ser um howardito, um dos tipos de meteorito oriundos do asteroide 4-Vesta, como já mencionado, porém não sustentam essa ideia por se tratar de um meteorito raro. Contudo, atualmente, constam mais de 440 meteoritos desse tipo registrados no catálogo internacional de meteoritos, o *Meteoritical Bulletin Database*, disponível on-line.

Em 1980, outro pesquisador deu sua hipótese sobre a Pedra Negra. Elsebeth Thomsen sugeriu que a pedra poderia ser um pedaço de impactito[16], extraído de uma das crateras de meteorito em Wabar, localizado na Arábia Saudita, a cerca de 1.100 quilômetros de Meca. Ele acredita que os antigos árabes podem ter observado a queda do meteorito, estimada em cerca de 6 mil anos atrás, e que os nativos mais tarde carregaram o vidro de impacto para Meca ao longo de uma rota da caravana. Sua suspeita se baseia na presença de manchas amarelas e brancas, que podem ser restos de vidro e/ou arenito. Também atribuiu a existência de porosidade, para justificar um relato de que a pedra "flutua" em água, devido às vesículas no vidro. A parte negra da pedra, ele sugere que sejam esferas de FeNi, a composição de meteorito metálico, e tenha vindo da nuvem da explosão ao cair no solo.

---

[15] Ágata: variedade do mineral quartzo ($SiO2$). Forma-se em cavidades de rochas vulcânicas, como basaltos, e costuma conter na sua porção central cristais de outros minerais (como calcita, siderita, goethita e zeólita) ou outras variedades do próprio quartzo (como cristal de rocha e ametista). Ela é muito usada em joias e na decoração de interiores há mais de 3 mil anos, principalmente devido à sua variedade de cores, sendo as mais comuns: vermelho, laranja, marrom, branco, cinza e cinza-azulado.

[16] Impactitos: são estruturas formadas em um evento de choque de meteoritos com o solo terrestre, sendo encontrados em áreas de cratera de meteorito, também chamados de astroblemas. Essas estruturas incluem rochas derretidas, minerais chocados e shatter cones, que são rochas fraturadas em formato de cone.

Recentemente, uma imagem de altíssima resolução foi liberada, em 2021, pela Presidência Geral das Duas Mesquitas Sagradas, sendo uma revelação sem precedentes na história do islamismo e da própria humanidade. Na imagem aproximada, revela que realmente os relatos antigos estavam certos, que citavam que não era uma pedra totalmente preta e que exibia uma cor marrom avermelhada.

Infelizmente, nenhum estudo científico foi permitido, só sendo possível especular o que poderia ser a Pedra Negra de Kaaba. As teorias vagam pelas possibilidades de ser basalto, ágata, impactito e até outros, mas a que mais encanta e fica no imaginário popular é a possibilidade de ser um meteorito. Sua história é envolta em misticismo, crenças e religiões. Então, será que realmente vale a pena revelar do que é feita a rocha mais sagrada e conhecida do mundo? Essa pergunta nós deixamos aqui para você.

2
O Homem de Ferro: a Imagem Budista levada pelos Nazistas

Os sobreviventes à inundação de Atlântida abrigaram-se no Tibete e lá deram origem aos arianos. Nesse mesmo tempo, surgia a doutrina Bon, que resultaria no budismo tibetano com toda a sua espiritualidade e misticismo. Séculos depois, a teosofia uniria os atlantes, tibetanos e arianos em sua doutrina ocultista, criando uma "raça ariana" como forma de evolução do ser humano. Embarcando nesse misto de lenda platônica, com religião e evolução, tem-se os alemães, que acreditavam no ocultismo e eram descendentes da "raça ariana" do Tibete. Certos de sua superioridade, buscaram evidências de sua ancestralidade ariana e promoveram um dos episódios mais obscuros da história da humanidade. Assim, por mais inesperado que isso pareça, a conexão entre o mundo perdido de Atlântida e o nazismo de Hitler passou pelos planaltos tibetanos e culminou na descoberta de uma estátua budista, com uma suástica no peito, esculpida em meteorito: o Homem de Ferro. Para entender melhor toda essa trama, que mais parece enredo de Indiana Jones, embarque em mais uma das Histórias de Meteorito ou Meteoritos na História?

Fonte: Sketchepedia - freepik.com

Atlântida - A Ilha Perdida

Há 10 mil anos a.C., em algum lugar do Oceano Atlântico, próximo às colunas de Hércules (Estreito de Gibraltar), localizava-se uma ilha chamada Atlântida. Ela era demasiadamente avançada, cheia de riquezas naturais e tecnologias. Era povoada pelos atlantes, uma civilização de semideuses descendentes de Atlas, um dos filhos de Poseidon, o grande deus dos mares e oceanos. Dizem até que existia uma imponente estátua de Poseidon na entrada da ilha.

O tamanho de sua riqueza e seu poder tornou-se o tamanho de sua arrogância. Sendo a maior potência naval do mediterrâneo, aliado à alta tecnologia que lhe era disponível, promoveu guerras e escravizou os povos que viviam na região do Mediterrâneo, como a Europa Ocidental e parte da África. Porém, em seu caminho de conquistas, não imaginava encontrar a cidade grega de Atenas. Os exércitos atenienses resistiram com bravura à invasão, e não só expulsaram os invasores de suas terras, como também os devolveram para Atlântida, despertando a fúria e a vergonha dos deuses. De repente, a arrogância deu lugar à desgraça dos atlantes, que, em um dia e uma noite de infortúnio, sucumbiram sob as enormes ondas, afundando toda a ilha junto de os seus habitantes. Assim, o paraíso utópico foi perdido para sempre em meio às águas do oceano, tornando-se a Ilha Perdida de Atlântida.

Pelo menos, foi dessa maneira que o mito da cidade perdida de Atlântida foi contado ao longo de várias gerações, tendo como seu primeiro propagador nada menos que o famoso filósofo grego, Platão (428 a.C-348 a.C). Criador da Academia de Atenas[17] na Grécia Antiga, exercendo o trabalho de matemático e filósofo, foi autor de diversos diálogos filosóficos, entre os quais, em dois deles – *Timeu e Crítias*[18] –, Platão menciona pela primeira vez a Ilha Perdida dos semideuses. Segundo ele, Sólon[19] (638 a.C.-558 a.C.), durante sua viagem ao Egito, havia escutado a história de Atlântida, quando discursava questões filosóficas com os sábios sacerdotes Psenófis de Heliópolis e Sônquis de Saís, sobre a ilha que teria afundado cerca de 9 mil anos antes da sua era.

---

[17] Academia de Atenas: Academia Platônica ou Academia de Platão, foi a primeira universidade da história, fundada por Platão por volta de 387 a.C, na qual grupos de seus seguidores recebiam educação formal até o século VI, com a chegada do imperador bizantino Justiniano I ao poder, perseguindo a cultura helenista pagã.

[18] Timeu e "Crítias: Timeu é um longo monólogo do personagem-título, escrito por volta de 360 a.C., especulando sobre a natureza do mundo físico e os seres humanos. É seguido por um dos últimos diálogos de Platão, *Crítias*, que parece ser uma continuação de *A República* e do *Timeu*, descrevendo a guerra entre a Atenas pré-helênica e Atlântida (Império ocidental e a ilha misteriosa).

[19] Sólon: governador de Atenas, legislador e poeta lírico. Possui o histórico de fundador da democracia e considerado um dos sete sábios da Grécia Antiga.

Desde então, o fundo do Oceano Atlântico, incluindo parte do Mar Mediterrâneo, tem sido explorado por curiosos e pesquisadores em busca de algum vestígio da sua real existência. A grande especulação no entorno da lenda é que ela pode ter sido criada baseada em fatos históricos ocorridos nos tempos de Platão, como uma forma de ensinamento moral sobre os benefícios da democracia e os efeitos da ganância.

Todavia, entre os crédulos de sua verdadeira existência, assim como a crença da superioridade do povo atlantes, tem-se Adolf Hitler e alguns membros superiores do regime nazista. Eles acreditavam que todo alemão tinha um "pé" em Atlântida, devido à ideia de uma civilização ariana perdida, e eram descendentes dos atlantes sobreviventes.

Os "Sobreviventes" de Atlântida

A lenda de Atlântida teve menções em diversos livros, sendo que uma delas foi feita pelo historiador romano Plutarco (46-126), em seu livro *Vida de Sólon*, o mesmo mencionado por Platão. Além desses, diversos escritores, pseudocientistas e ocultistas escreveram sobre Atlântida ao longo dos séculos. Os que apostam em parte reais da sua existência acreditam que ela foi perdida por causa de uma erupção vulcânica ou por terremoto e, consequentemente, um tsunami, podendo também ter sido atingida por um cometa. Tem aqueles que acreditam que a lenda foi criada em decorrência de uma erupção histórica de Creta (antiga Thera), que destruiu a cultura minoica e seria a origem do mito de Atlântida. Contudo, o destino dos sobreviventes da ilha também é algo bastante controverso.

A teoria é que, após a destruição de Atlântida, os poucos que conseguiram sobreviver espalharam-se pelo mundo. Alguns crédulos da mitologia acreditam que os sobreviventes foram os responsáveis pela construção de Stonehenge, no Reino Unido, e das pirâmides do Egito. Outros creem que eles se dirigiram para lugares mais seguros de inundação, indo para o extremo norte da Europa, onde se localizam os países nórdicos, ou talvez para as terras altas da Cordilheira do Himalaia[20]. Assim, supostamente, alguns atlantes teriam migrado para o que é considerado o teto do mundo, o Tibete, localizado ao norte do Himalaia, a uma altitude de, aproximadamente, 4,9 mil metros.

---

[20] Cordilheira do Himalaia: a mais alta cadeia montanhosa do mundo, localizada na região central do continente asiático. A cordilheira abrange cinco países – China, Nepal, Índia, Paquistão e Butão – e nela se situa a montanha mais alta do planeta, o Monte Everest. O nome Himalaia vem do sânscrito e significa "morada da neve".

Uma Civilização no Teto do Mundo

Coincidentemente ou não, para aguçar mais as mentes sobre a lenda de Atlântida, vestígios arqueológicos de etnias tibetanas foram encontrados a mais de 4 mil metros acima do mar, com idade de 10 mil anos, teoricamente sendo do mesmo período que existiu a Ilha Perdida. Com isso, os arqueólogos chineses, que descobriram tais vestígios em 2013, acreditam ser a mais antiga prova de atividade humana em um ponto tão alto, já que, em zonas mais baixas do Tibete, há indícios pré-históricos com mais de 20 mil anos.

Nesse período, entre os séculos IX e X, surgia a religião Bon, antiga do Tibete, que precede o budismo tibetano, derivando-se depois para o lamaísmo nos dias atuais. A doutrina Bon foi fundada por Shenrab Miwo, também conhecido como Tonpa Shenrab Miwoche, porém a história da sua fundação possui poucas informações registradas. Assim, ela é considerada a mais antiga tradição espiritual do Tibete.

Acredita-se que ela foi fundada devido a uma promessa de Shenrab Miwo ao deus da compaixão, Shenlha Okar, em que ele guiaria os povos do mundo para a libertação e para o caminho da iluminação. Seus fiéis cultuavam diversos deuses, como também espíritos ancestrais. Desse modo, seus ensinamentos compreendem práticas aplicáveis a diferentes aspectos da vida, incluindo nossa relação com as qualidades elementais da natureza, nosso comportamento ético e moral, o desenvolvimento do amor, da compaixão, da alegria e da imparcialidade. Séculos depois, surgiria o budismo no Tibete, não como uma continuação da doutrina Bon, mas, sim, da fusão de alguns de seus dogmas.

Nasce o Budismo no Tibete

No século VI a.C., na região montanhosa que hoje é fronteira entre o Nepal e a Índia, nascia o príncipe Siddharta Gautama, filho do rei Shuddhodana e Mahamaya. Este viria a ser o primeiro Buda e o mestre religioso fundador do budismo no mundo. Contudo, a sua vida abastada como o futuro sucessor de Sakia, um pequeno Estado feudal nas encostas dos Himalaias, não foi o suficiente para o prender as suas origens. Motivado por uma constante insatisfação, mesmo sem conhecer a realidade por detrás dos muros dos seus castelos, saiu para conhecer o mundo aos 29 anos de idade.

Na sua jornada, Siddharta se deparou pela primeira vez com um homem muito doente, um velho e, finalmente, um cadáver. Isso porque, segundo a lenda budista, seu pai o havia escondido de toda a realidade de enfermidades e sofrimento, como forma de afastá-lo de toda a tentação pela vida religiosa, de acordo com a profecia feita pelos brâmanes (sacerdotes hindus) no dia do seu nascimento. Assim, ele abandonou todo o luxo que vivia para ir em busca da verdade e da descoberta de um processo que libertasse todo o ser humano do sofrimento. Após o contato com mestres e monges ligados à espiritualidade, seguindo seus instintos, entendeu que a verdade dentro de si vem por meio da meditação. Aos 35 anos, havia alcançado a Iluminação, sentado sob a árvore *Bodhi*, mudando o seu nome para Buda, que, em sânscrito[21], quer dizer o "Desperto", o "Iluminado". Nos 45 anos que se seguiram, ele caminhou pela Índia e espalhou as *Quatro Verdades*[22] como sua nova filosofia.

Logo, nascia o budismo na Índia, diferente do hinduísmo[23] já existente, que acreditava em diferentes deuses. A nova doutrina pregada por Buda não se baseava em nenhum deus, e sim no acesso ao estado definitivo de nirvana[24], que, por sua vez, cessa todo o estado de sofrimento do ser humano. Porém, o budismo e o hinduísmo compartilham a crença da reencarnação e do carma com situações que se repetem. Desse modo, o budismo original se espalhou pelo oriente por meio da rota comercial da seda, sendo muito difundido na China e no Japão, por exemplo.

Em uma outra região dos Himalaias, que seria posteriormente o Tibete, existiu por muito tempo, como áreas ocupadas por tribos nômades e independentes, sendo um Estado vassalo de soberania chinesa. Apenas no ano de 127 a.C. iniciou-se um processo de unificação sob o comando do rei Nya-Tri-Tsempo, que perduraria por oito séculos. Até que, em 617 d.C., sob o comando de Songtsen Gampo (617-649), o território antes feudal é transformado em Império, estendendo seu domínio pela Ásia Central. Como imperador, Gampo obteve importantes conquistas durante o seu Reinado, como a criação do alfabeto tibetano, baseado no sânscrito, estabeleceu um sistema legal e colaborou para a difusão do budismo tibetano.

---

[21] Sânscrito: língua indo-europeia, sendo parte do conjunto das 23 línguas oficiais da Índia. É o idioma das escrituras clássicas das religiões surgidas no Nepal e na Índia, tendo importante uso litúrgico no hinduísmo, budismo e jainismo.

[22] As Quatro Verdades: são a base da doutrina budista enunciadas por Siddharta Gautama em seu primeiro sermão após a iluminação. São elas: 1) a verdade do sofrimento (dukkha); 2) a verdade da origem do sofrimento (samudaya); 3) a verdade da cessação do sofrimento (nirodha); e 4) a verdade do caminho para a cessação do sofrimento (magga).

[23] Hinduísmo: é uma religião indiana, sendo a terceira maior do mundo, possuindo mais de 33 milhões de deuses. Seus adeptos hindus seguem os Vedas, um conjunto de textos sagrados que formam a base do extenso sistema de escrituras sagradas do hinduísmo. Eles representam a mais antiga literatura de qualquer língua indo-europeia e são considerados o mais antigo registro literário da civilização indo-ariana, sendo os livros mais sagrados da Índia.

[24] Nirvana: é o conceito-chave do budismo, que literalmente quer dizer o fim da individualidade humana. O ser humano iluminado, que atingiu o nirvana, é o que despertou desse mundo ilusório, onde a vida é um sonho.

Esse modelo de budismo, introduzido apenas no século VII d.C. e estabelecido como religião oficial durante o Reinado de Trisong Detsen (755-797), é derivado da doutrina budista indiana que se fundiu com a antiga religião Bon presente no Tibete. Sua variação é conhecida pelo esoterismo, apresentando um caráter místico mais acentuado, expresso por meio de seus exercícios de meditação, feitos em grandes rituais, incluindo a leitura de textos litúrgicos (*saddhanas*), e da elaborada reprodução artística. O budismo tibetano, também conhecido como *Vajrayana*, segue o pensamento *Mahayana*[25], em que há uma forte relação entre os alunos e os lamas. Este último significa "mestre" ou "superior", que designa, geralmente, os monges tibetanos, em especial, os hierarquicamente superiores. Por essa razão, apesar de não se organizar como uma instituição, tem sua representação maior na figura do Dalai Lama, líder espiritual, considerado a reencarnação de um Buda, sendo um ser iluminado conhecido por sua compaixão. Por essa razão, o budismo tibetano também é conhecido como lamaísmo[26].

Atlantes, Tibetanos ou Arianos?

A Teosofia[27], de certa forma, uniu em sua doutrina esses três conceitos de povos, etnias ou "raça" de uma maneira que o mundo nunca mais seria o mesmo. A Sociedade Teosófica, fundada em 1875, teve como principal cofundadora a russa Helena Blavatsky (1831-1891). Como a principal difusora do pensamento, Madame Blavatsky insistiu que essa não era uma religião, mas, sim, um conjunto de doutrinas filosóficas que buscava o conhecimento da natureza, da divindade e da origem do próprio universo. Dessa maneira, a teosofia é considerada parte do esoterismo ocidental, que, de uma forma mística, ocultista e especulativa, defende a ideia de que os seres humanos são o resultado de uma evolução tanto física quanto espiritual.

---

[25] Mahayana: é uma das principais escolas do budismo, conhecido como o Grande Veículo. Ele se originou na Índia e se espalhou para vários outros países asiáticos, como China, Japão, Vietnã, Coréia, Singapura, Taiwan, Nepal, Tibete, Butão e Mongólia. O Mahayana enfatiza a compaixão e a busca pela iluminação para ajudar todos os seres sencientes a alcançar a liberação do sofrimento.

[26] Lamaísmo: desde o século XVII, o budismo tibetano se transformou em uma força dominante, não somente no Tibete, mas também em toda a região do Himalaia, da Mongólia e da China. Essa disseminação atraiu a cobiça dos chineses, culminando na anexação do seu território à China. Desde então, foram mais de dois séculos de lutas e tentativas de independência, conquistada temporariamente em 1912. Contudo, em 1950, a China ordenou novamente a invasão da região, que foi anexada como província. Com isso, o 14º Dalai Lama Tenzin Gyatso instaurou um governo de exílio em Dharamsala, no Norte da Índia, desde 1959. Atualmente, possuindo mais de 500 milhões de adeptos, o budismo é a quarta religião mais importante do mundo.

[27] Teosofia: a origem etimológica do termo vem do grego que combina *theos* (Deus) e *sophia* (sabedoria), que significa "sabedoria divina".

Assim, a teosofia prega a evolução das formas de vida (humana e dévica[28]), na qual são necessários estágios primitivos e outros mais avançados até alcançar o nível humano, ou, no caso, o "humano-perfeito". Os livros *Budismo Esotérico"* (1883), de Alfred Percy Sinnett (1840 – 1921), e a *Doutrina Secreta* (1888), de Helena Blavatsky, foram obras teosóficas que abordaram temas como reencarnação, carma e a natureza da existência, em um contexto cosmológico das raças. Eles tiveram como foco a evolução física e espiritual de agrupamentos humanos, mencionando o termo raças, raças-raiz e sub-raças, antes de atingir o estado de um "ser septenário perfeito[29]" na "cadeia planetária". Contudo, para eles, "raça" era apenas um termo de conveniência para se referir às características físicas e aos vários estágios experimentados pela alma reencarnante ao longo de uma série de progressões. Nessa concepção, o ser divino espiritual, sem uma mentalidade individual, evolui para estágios materiais, dentre eles o indivíduo humano. Dessa maneira, "raça" é um termo aplicado a entidades humanas em evolução dentro desse ciclo imaginário.

Nesse ponto, o que já soubemos sobre os atlantes e os tibetanos agora se mistura com a raça ariana da teosofia. De acordo com essa doutrina, o povo atlante era uma das raças-raiz que teria sobrevivido à inundação, sendo um estágio mediano da evolução. Para Blavatsky, os indivíduos de Atlântida eram seres humanos espiritualmente muito avançados, e os sobreviventes desse desastre fundaram a nova raça-raiz, a ariana. Com isso, os arianos, descenderam da raça anterior dos atlantes, que, por sua vez, descenderam da raça mais espiritual, que eram os lemurianos, e assim por diante.

Na sua essência original, ariano é uma palavra usada no passado para descrever um grupo linguístico de povos pré-históricos indo-europeus, provavelmente originários da Ásia Central, e não uma raça específica. Por conta do seu local de origem, o termo ariano vem do sânscrito *arya*, que significa nobre. No hinduísmo, os brâmanes iniciados na religião Hindu eram *arya*, um título de honra e respeito devido a certas pessoas pelo seu nobre comportamento. Muito provavelmente, a "raça" ariana de Blavatsky tenha sido influência do seu período de estudos e treinamentos entre os mestres no Tibete. Por essa razão, o budismo tibetano e seu conhecimento exotérico exerceu forte influência na construção da sua doutrina.

---

[28] Dévica: forma de vida considerada como uma espécie de ponte de ligação entre o mundo físico e o mundo espiritual. Ela é composta por seres que são responsáveis por manter a harmonia e o equilíbrio da natureza. Esses seres são conhecidos como devas ou deuses da natureza.

[29] Septenário Perfeito: é uma doutrina da Teosofia que afirma que o homem é composto por sete princípios. Esses princípios são os veículos que ele possui para se manifestar nos diversos planos. Em seu conjunto, formam a constituição setenária do homem.

Estudiosos europeus, entre os séculos XVIII e XIX, perceberam as semelhanças entre a maioria das línguas europeias com o sânscrito, ao passo que também identificaram judeus e árabes como semitas, para descrever as semelhanças entre o hebraico, o árabe e outras línguas relacionadas. Um deles foi William Jones (1746-1794), que comparou o sânscrito falado pelos indo-arianos com línguas como o latim ou o grego, descrevendo-o como uma língua de características "perfeitas". Acredita-se que, em algum momento entre 3500 a.C. e 3000 a.C. esses indo-arianos se dirigiram para as regiões da Europa, como França e Alemanha, ainda pouco desenvolvidas, se comparadas com a Mesopotâmia, China, Asia Central e o Norte da África (Egito). Assim, Friedrich Schlegel (1772-1829) desenvolveu a tese de que o sânscrito foi a língua-mãe das línguas que viriam a ser conhecidas como indo-europeias.

Dessa maneira, com o tempo, não só a recém-criada teosofia, mas também intelectuais europeus começaram a atribuir novos significados ao termo ariano. O escritor francês Arthur Gobineau (1816-1882) foi o primeiro a usar essa expressão especificamente como uma categoria racial, assim como o também escritor Houston Stewart Chamberlain (1855-1927). Eles interpretaram que todos os povos europeus de raça "pura" branca eram descendentes do antigo povo ariano nobre, sendo o ápice da civilização, racial e culturalmente superiores a outros grupos de pessoas. Não tardou para que uma das mentes mais perversas e incrivelmente lunáticas se apropriasse desse termo com seu mais novo significado.

Os Arianos do Partido Nazista

Estabelecida a distorção da terminologia por diferentes pensadores, intelectuais e até por uma doutrina *mística*-filosófica, o termo "raça ariana" foi utilizado amplamente pelo Partido Nazista de Adolf Hitler na Alemanha. Apropriando-se da nova interpretação, o regime nazista promoveu sua ideologia racista para justificar a perseguição de grupos étnicos e religiosos, exterminando todos aqueles que consideravam inferiores, como os judeus. Essa desconexão com a realidade culminou no que foi um dos momentos mais obscuros da humanidade, a busca pelo domínio da raça "superior" no mundo, que se consumou com o início da Segunda Guerra Mundial (1939-1945).

Hitler e outros líderes nazistas, acreditando na existência de tal raça superior, da qual os povos germânicos se originavam, precisavam ter provas contundentes da sua teoria mediante evidências arqueológicas ou manuscritos históricos. Por essa razão, em 1935, foi criada, na Alemanha, uma organização com o objetivo de pesquisar a herança cultural e a história da raça ariana, chamada Ahnenerbe (Comunidade para a Investigação e Ensino sobre a Herança Ancestral), por Heinrich Himmler, Herman Wirth e Richard Walther Darré. A organização nazista financiou 18 grandes expedições até 1942, contando com o apoio de pesquisadores, entre eles arqueólogos, historiadores e linguistas, com expedições na Alemanha, França, Itália, Romênia, Bulgária, Polônia, Ucrânia, Islândia, Afeganistão e Tibete. Essa última ocorreu em 1938, quando Himmler enviou uma equipe de cinco pessoas liderada por Ernst Schäfer para visitar os templos tibetanos no Himalaia.

Himmler, que era muito próximo de Hitler, estava convencido de que o planalto tibetano era o berço da suposta raça ariana. Isso porque ele era conhecido por sua proximidade com o ocultismo e acreditava na lenda de Atlântida, que os sobreviventes da ilha haviam vivido. Assim, promoveu uma expedição ao Tibete para provar a hipótese de que os tibetanos seriam descendentes dos arianos, que, por sua vez, eram o povo atlante com o "sangue mais puro", sendo os verdadeiros ancestrais dos alemães.

Obviamente, as expedições nazistas enviadas para o Tibete não contribuíram em nada para provar o impossível, porém elas acabaram tendo outra finalidade. Apesar da boa receptividade, os alemães se aproveitaram da ingenuidade e mediram os crânios, coletaram impressões digitais, como também tiraram moldes de partes do corpo de quase 400 tibetanos. Hitler acreditava que a raça ariana havia se enfraquecido quando migraram para tais regiões e se misturam com os tibetanos nativos, perdendo os atributos que os "tornavam racialmente superiores" aos demais povos da Terra. Além disso, levaram na bagagem mais de 2 mil "artefatos etnográficos coletados na região, dentre eles, o Homem de Ferro, uma estátua budista esculpida em metal com uma suástica no peito.

O Sequestro da Suástica

Este símbolo, com dois ganchos entrelaçados, tem uma história milenar, sendo amplamente utilizado entre os povos da Antiguidade. Até então, ele era um símbolo creditado à Índia, porém o vestígio mais antigo do uso da suástica foi encontrado na Eurásia, com idade em torno de 7 mil anos. Existem estudos que também acharam vestígios da utilização desse símbolo em outras civilizações, como os gregos, astecas, egípcios, celtas, entre outros, mostrando assim a difusão dessa simbologia no mundo em diferentes períodos do tempo. Entretanto, determinar a sua real origem e quando surgiu ainda não foi possível, havendo muitas divergências.

O detalhe comum entre as suásticas de todas as culturas é o seu significado positivamente genuíno. Em todas as civilizações milenares, ela simboliza a paz, a prosperidade e a boa sorte. Até pouco tempo, antes das demais descobertas, acreditava-se que a sua origem seria indiana devido à linguagem antiga do sânscrito, em que suástica significa boa sorte ou condutora do bem-estar. Por isso, é comum encontrar imagens da suástica em diferentes espaços e imagens, estando a maioria delas localizadas na Asia, como emblema sagrado para o budismo, hinduísmo e jainismo[30].

No entanto, após séculos de tradição, na nossa história recente, esse símbolo foi sequestrado pelos nazistas, que se apropriaram e deturparam completamente o seu significado, sendo hoje sinônimo de terror para muitos povos. Essa apropriação ocorreu justamente pelas semelhanças observadas entre o idioma alemão e o sânscrito ainda no século XIX, quando concluíram que ambas as civilizações teriam os mesmos ancestrais arianos. Essa conclusão surtiria efeito décadas mais tarde, nos anos de 1920, quando Adolf Hitler assumiu o controle do Partido Nacional Socialista dos Trabalhadores Alemães, mais conhecido como Partido Nazista, e colocou o seu ideal e programa antissemítico radical em prática.

Imagem 2 – A suástica usada pelo Partido Nazista alemão

Fonte: pixabay.com

---

[30] Jainismo: é uma das religiões mais antigas da Índia, junto do hinduísmo e do budismo, compartilhando com este último a ausência de um Deus como criador ou figura central da religião. Foi fundada na Índia no século VI a.C., por Mahavira, e originou-se no contexto de rompimento com o hinduísmo e com a tradição védica.

Assim, a suástica milenar sofreu um giro à direita de 45 graus sob seu eixo e foi pintada de preto, de acordo com a antiga bandeira do Império alemão, sobre um círculo branco e com o fundo em vermelho. O que representava a paz virou a representação gráfica do antissemitismo, do ódio e da superioridade racial amplamente espalhadas sob as bandeiras e estandartes nazistas. Ela hoje representa a morte de mais de 6 milhões de pessoas entre os anos de 1935 e 1945, contudo, algumas pessoas tentam recuperar o seu simbolismo original.

No entanto, além do simbolismo da suástica e das milhões de vidas, não foi só isso que fora sequestrado pelos nazistas. Ao longo das invasões e guerras promovidas nesse período, muitos objetos de valor, obras de artes, artefatos, entre outros, foram levados para a Alemanha. Entre esses objetos, os que possuíam a representação da suástica eram os vestígios da ancestralidade ariana que deveria estar em posse dos alemães.

Estátua Budista de 10 mil anos?

Como um dos artefatos etnológicos supostamente coletados pela expedição de Schäfer em 1938, o Homem de Ferro foi levado do Tibete, sendo esse um objeto um tanto peculiar e intrigante, motivo inclusive de algumas discussões atuais. Esculpido em metal, com os traços humanos de um homem empoleirado com as pernas ligeiramente dobradas, sua mão esquerda segura um objeto que se encontra logo abaixo da suástica na couraça em seu peito. Essa seria uma escultura do deus budista Vaisravana, contendo vestígios da doutrina Bon?

Antes de tentar responder, primeiro, é necessário entender que as características de uma imagem budista são o resultado de um processo milenar. Em princípio, a arte budista original utilizava símbolos ou relíquias ligadas ao Buda para representar a sua figura, como a flor de lótus[31] ou a árvore *Bodhi*. Isto porque era entendido que não havia expressão visual para comprovar uma mudança física sobrenatural de seu corpo ao atingir a Iluminação. Após a influência natural do esoterismo hindu, o contato com outras culturas fez surgir as primeiras imagens de Buda com aparência humana, repleto de elementos iconográficos carregados de simbolismos, tendo diversos ambientes e contextos.

---

[31] Flor de Lótus: é um símbolo importante no budismo, que representa a pureza e o renascimento do corpo e da mente. Isto porque, embora cresça na lama, ela se torna uma bela flor, fazendo, assim, uma analogia ao ser humano que tem suas raízes em sofrimentos e insatisfações, mas que pode alcançar a iluminação.

Imagem 3 – Escultura budista do Homem de Ferro

Fonte: Buchner *et al.* (2012)

A primeira figura humana do Buda Shakyamuni (o Buda Histórico) surgiu durante o Período de Gandhara[32], como fruto das interações entre budistas e gregos, com as grandes conquistas de Alexandre, o Grande, evidenciando as influências étnicas locais. Assim, as esculturas tinham inicialmente como referência Sidarta Gautama, com seu corpo magro em uma figura de monge. No Budismo Mahayana, os bodisatvas, que, em sânscrito, significa "seres sencientes que buscam o despertar", inspiraram novas imagens de Buda. Ao longo do tempo, a representação de Buda assumiu diferentes formas, sendo menos fiel à Gautama, como o Buda gordo, em pé, sentado, dourado ou azul, por exemplo. Somando-se a isso, tem-se o

---

[32] Período de Gandhara: período histórico que se estendeu do século III a.C. ao século V d.C., na região de Gandhara, que atualmente é o Paquistão e o Afeganistão. A região era um centro de comércio e cultura entre a Índia e a Ásia Central. O período é conhecido por sua arte budista e hindu, que foi influenciada pela arte greco-budista e greco-romana, devido às conquistas de Alexandre, o Grande, no século IV a.C., e as conquistas islâmicas do século VII.

tamanho das estátuas, a sua matéria-prima, as vestimentas, os ornamentos, o trono, as características físicas, os objetos pessoais nas mãos e a mistura com as divindades culturais dos Impérios que adotassem o budismo. Dessa maneira, passou a existir uma infinidade de representações budistas e de seus deuses mitológicos.

Assim, na mitologia budista, Vaisravana é a deidade hindu Kubera, um dos deuses compartilhados entre as duas religiões, também chamado de Jambhala, Namthose, entre outros nomes. Uma das características marcantes de estátuas budistas, em geral, é a presença das pernas cruzadas, porém as figuras retratando *Vaisravana* possuem a perna pendente, ligeiramente dobrada, como se encontra o Homem de Ferro. Ele é considerado o chefe dos Guardiões das Direções, responsável pelo Norte, um dos quatro deuses que controlam os pontos cardeais. O objeto que ele segura em sua mão esquerda, possivelmente um limão (jambhara) ou uma bolsa de dinheiro, significa o chamado para a prosperidade e a riqueza. Ele também representa o deus do exército e da guerra, por estar com sua armadura de escamas feita de couro, e nela estampada a suástica, trazendo com ela todo o seu simbolismo. Essa, por sua vez, era um símbolo frequentemente utilizado pela religião pré-budista Bon, fundada há, aproximadamente, 10 mil anos e até hoje enraizada em algumas regiões do Tibete, exemplificando a fusão das duas culturas, indianas e tibetanas.

Contudo, as imagens de Vaisravana, assim como seus nomes, possuem inúmeras representações, dependendo do período da história e da região em que elas foram esculpidas, podendo ser provenientes da Índia, do Tibete, da China ou do Japão. A verdade é que não existe quase nenhuma certeza absoluta em relação a essa imagem budista, inclusive se realmente foi trazida pelos nazistas, e se foi esculpida pelos povos antigos tibetanos, como já foi questionado. No entanto, também não há como refutar todas essas histórias até hoje contadas, mesmo com todo o misticismo envolvente. Uma das poucas certezas que se tem a respeito do Homem de Ferro é da sua origem meteorítica, um legítimo pedaço de ferro que veio do "céu".

O Homem de Ferro que Veio do "Céu"

De algum lugar do Sistema Solar, um pedaço de asteroide metálico viajou milhões de quilômetros, por milhões ou bilhões de anos, até encontrar a órbita terrestre e cair como um meteorito em determinado momento da história, em alguma região do planeta, sendo encontrado por alguma civilização, que o tornou o único meteorito esculpido com a forma humana. Foi assim que começou a história do Homem de Ferro. A imagem de 24 cm de altura, pesando cerca de 10,6 kg, é totalmente feita a partir de uma das matérias-primas mais especiais que poderia existir – o ferro meteorítico ou o ferro que veio do "céu". Porém, além do seu carácter já excepcional, ele ainda consegue ser mais especial por diferentes razões.

Dentre todos os meteoritos que são encontrados, cerca de 6% apenas são metálicos, considerando os três principais tipos existentes (ver Apêndice 1). Entre os metálicos, menos de 1% possuem a mesma composição química e a sua classificação de Ataxito. Este, por sua vez, significa "sem estrutura", em grego, porque não possui estruturas internas de cristalização chamada Estrutura de Widmanstätten[33]. Os meteoritos metálicos são compostos, principalmente, por ferro (Fe) e níquel (Ni), além de outros elementos químicos em menor quantidade. No entanto, esse é o tipo de meteorito de ferro mais rico em níquel que existe, variando entre 16% e 18% em massa na sua composição. Como curiosidade, o meteorito Hoba (Namíbia), que também é um Ataxito, até hoje é o maior do mundo, pesando mais de 60 toneladas. Além disso, o meteorito brasileiro Santa Catharina é um dos meteoritos mais ricos em níquel do mundo, com um teor de, aproximadamente, 35%, achado em 1875 e vendido inicialmente como uma mina de níquel para a Inglaterra. Segundo Buchner *et al.* (2012), o Homem de Ferro possui uma média de 16,4% de Ni e as concentrações dos elementos-traços cruciais (Co, Cr, Ga, Ge) para a classificação de Ataxito.

Outro diferencial é que existe a possibilidade de um meteorito já conhecido ter sido a fonte da matéria-prima do Homem de Ferro – o meteorito Chinga. Em 1913, garimpeiros da região de Tannu Tuva (fronteira da Sibéria Oriental e Mongólia) encontraram fragmentos deste meteorito, tendo pesquisadores que afirmam ter caído cerca de 15 mil anos atrás. Os dados geoquímicos do Homem de Ferro correspondem exatamente aos valores dos elementos do meteorito metálico de Chinga, como detectado pelo mesmo estudo de Buchner. Assim, provavelmente, o fragmento individual do qual a estátua foi esculpida foi coletado muitos séculos antes na região de origem e levado para alguma parte da Asia Central, onde nasceu o budismo e, antes, a doutrina Bon. Porém, tirando a certeza química e

---

[33] Estrutura de Widmanstätten: revelado após um ataque químico na superfície polida de meteoritos metálicos, é uma estrutura formada pelo intercrescimento de lamelas cruzadas de kamacita (liga de FeNi com ~5% de Ni) com bordas de taenita (liga de FeNi com ~16 - 18% de Ni) ao longo de planos octaédricos, durante um resfriamento muito lento de um corpo espacial quimicamente diferenciado.

a origem espacial, tudo relacionado ao Homem de Ferro encontra-se no campo das especulações, por não ser possível esclarecer a sua identidade definitiva, nem a sua idade.

Imagem 4 – Meteorito Chinga

Fonte: Buchner *et al.* (2012)

Todavia, todas essas incertezas não tiram o seu carácter único. Certamente, essa é uma peça inestimável, sendo impossível determinar seu valor, independentemente de qual período ela tenha vindo. Só aqui neste livro, foi possível, por meio dela, conhecer tantos personagens, tantos lugares e culturas, sendo tudo isso misturado em uma só figura. Vencemos o nazismo, que ela representou em um breve momento, e desejamos que o mundo recupere o verdadeiro significado da suástica nela estampada. Hoje, fisicamente, o Homem de Ferro pertence a um proprietário particular, contudo, é uma peça que agora pertence à história de todos nós, como cidadãos do mundo, que compartilham as mesmas *Histórias de Meteorito ou Meteoritos na História?*

3
Os Meteoritos nas primeiras escritas da Civilização

Nas terras férteis banhadas pelos rios Tigre, Eufrates e Jordão, ocorria a transição entre os períodos da Pré-História e o início da civilização humana, marcada, principalmente, pelo surgimento da escrita na região da antiga Mesopotâmia. Ela foi desenvolvida em tabletes de argila utilizando a escrita cuneiforme, em que, em alguns textos, símbolos referentes a estrelas que "piscam" e "caem" eram considerados presságios, sendo a forma como os deuses se comunicavam com os homens. Assim, os meteoritos estão presentes desde quando a humanidade deu seus primeiros passos rumo à construção de sociedades organizadas, detentoras de linguagem, costumes e culturas, estando, inclusive, presentes em narrativas que compõem a mais antiga literatura. Para saber mais sobre essas curiosas "estrelas que caiam do céu" nos primeiros textos do povo sumério, embarque em mais uma de nossas Histórias de Meteorito ou Meteoritos na História?.

Fonte: wirestock - freepik.com

O Berço da Civilização

As primeiras sociedades da história começaram na região conhecida como Oriente Próximo, atualmente chamada de Oriente Médio. Tradicionalmente, ela é considerada pelos arqueólogos e historiadores antigos como a região do Sudoeste da Ásia, especificamente a área circundada pelo Mar Mediterrâneo, o Mar Negro, o Mar Cáspio, o Mar Vermelho e o Golfo Pérsico/Arábico. Na Antiguidade, essa região abrangia as áreas da Mesopotâmia, (do grego, meso = no meio; potamos = rio), hoje conhecido como o Iraque, e do Levante, referindo-se à direção do sol nascente (territórios ou partes dos territórios da Palestina, Israel, Jordânia, Líbano, Síria e Chipre), delimitado, ao sul, pelo deserto da Síria e, ao norte, o Planalto da Anatólia (atual Turquia). A presença dos Rios Tigre, Eufrates e Jordão foi determinante para a construção das primeiras cidades nessa região, também conhecida como Crescente Fértil, devido ao solo fértil que propiciou as primeiras atividades agrícolas e pastoris, permitindo, dessa maneira, o assentamento dos povos, antes considerados nômades.

Foi nessa região que o desenvolvimento da escrita também teve início, quando os povos sumérios (4000 a.C. - 1900 a.C.) começaram a se desenvolver na Região Sul da Mesopotâmia, naquela que ficou conhecida como "revolução urbana". As mais antigas cidades da nossa história, que adquiriram relevância nessa região, foram as cidades de Ur, Uruk e Nipur. Na realidade, a ideia da escrita surgiu ainda no período pré-histórico, contudo, tabletes de argila com escrita cuneiforme encontrados na cidade de Uruk são os mais antigos registros conhecidos, que datam de 3.200 a.C. A escrita cuneiforme teve uma grande difusão no mundo antigo oriental, porém, provavelmente, nunca foi "popular", pois, devido à sua complexidade, ficava sob o domínio de um grupo restrito de especialistas – os escribas – que trabalhavam nas tarefas econômicas e administrativas do país. A escola onde era ensinada a escrita cuneiforme era chamada de *e.dub.ba.*, em sumério e *bit Yuppi*, em acádico, literalmente traduzido como "casa dos tabletes", que, com o tempo, se tornou um centro de difusão da cultura e do saber.

Imagem 5 – Mapa da região atual que corresponde ao antigo Oriente Próximo.

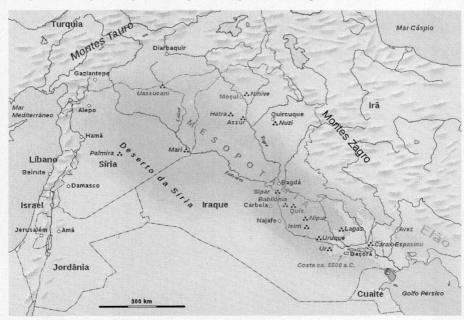

Fonte: Jcwf, acervo do commons.wikimedia.org (2015)

Nessa mesma época, a literatura começou a se desenvolver por meio das narrativas criadas pelos sumérios, a fim de elucidar questões tão fundamentais para a raça humana, como: "de onde viemos?", "como o mundo começou?". Essas narrativas eram basicamente do tipo mitopoéticas, por meio das quais se procurava explicar os fenômenos naturais, a origem do universo e a origem dos homens por meio de construções metafóricas e simbólicas, ou epopeias, que eram narrativas de um herói ou uma saga empreendida por ele para responder tais questões. Com isso, a Literatura Suméria é uma das mais antigas do mundo, da qual se derivou, por exemplo, a base para as narrativas no livro do *Gênesis*, da tradição hebraica e conhecida pelo mundo islâmico e cristão, como o *Grande Dilúvio*, que vimos anteriormente. Assim, devido a esses marcos na história da humanidade, como o início da agricultura, das cidades e da escrita, o Oriente Próximo hoje é considerado o berço da nossa civilização.

Os Meteoritos na Escrita Cuneiforme

É nesse "berço da civilização" que os meteoros e suas derivações são descritos em termos breves e gerais em vários textos cuneiformes, que são comumente rotulados como "astrológicos", mas que deveriam ser mais apropriadamente chamados de "astromânticos". Isso porque a astrologia da Mesopotâmia não estava ligada ao Zodíaco, e sim a fenômenos meteorológicos observados no céu.

A expressão *an-bar* é o mais antigo vocábulo designativo para a palavra ferro na linguagem suméria. Os pictogramas usados representam "céu" e "fogo", em que o ferro é traduzido como metal celeste ou metal estrela. De maneira semelhante, expressões designadas ao ferro em outras regiões do Oriente Próximo também faziam referência ao céu e aos deuses. De acordo com Rickard (1941), a palavra hebraica para ferro, *parzil*, e o equivalente em assírio, *barzillu*, são derivados de *barzu-ili*, que significa "metal de deus" ou "do céu". Em linguagem hitita[34], o termo *ku-na* possui o mesmo significado, e em seus textos diz que: *"enquanto o ouro veio de Birununda e o cobre de Taggasta, o ferro veio do céu".*

Na região da Suméria, a maioria dos textos em que os meteoros ou meteoritos são citados era do tipo presságios celestes, sendo para eles mensagens enviadas pelos deuses, em que exibem uma estrutura característica de causa (prótase) e consequência (apódose), como no exemplo: "Se uma estrela cadente pisca (tão brilhante) como uma luz ou como uma tocha de leste a oeste e desaparece (no horizonte): o exército do inimigo será morto em seu ataque" (THOMPSON, 1900, p. 202 *apud* BJORKMAN, 1973, p. 92).

Muitos desses presságios celestes tiveram início nos tempos sumérios (~ 2300 a.C.), mas a tradição de observar o céu e coletar presságios certamente é muito mais antiga e se originou no período da Pré-História. Tais observações se encontram em uma coleção com cerca de 7 mil presságios, organizados em 70 tabletes de argila, chamados *Enuma Anu Enlil*. Alguns desses textos, conhecidos como *NAM-BÚR-BI*, descrevem procedimentos mágicos que evitariam o mal potencial dos presságios, antes que eles assumissem uma forma tangível. Outros textos sobre meteoros e outros fenômenos ocorrem em cartas a reis (séculos VIII e VII a.C.), comentários, orações, presságios de sonhos e outras categorias diversas.

---

[34] Hitita: povo indo-europeu que se estabeleceu na região da Anatólia no 2º milênio a.C.

Esses textos foram escritos em acádio, língua semítica mais antiga registrada, derivada do sumério e que também utilizava a escrita cuneiforme. O seu nome é derivado da cidade de Acádia, um dos principais centros da civilização mesopotâmica, cujo povo de origem semita migrou do deserto da Síria, fugindo da seca por volta de 2550 a.C., dominando o território ocupado anteriormente pelos sumérios. Como os dois povos possuíam culturas similares, acabaram unificando-se para formar o primeiro Império mesopotâmico ou o Império acadiano, tendo como principal representante o rei Sargão, o Grande. A língua acadiana chegou a ser usada como língua internacional por todo o Oriente Próximo, inclusive para formular o primeiro código de leis do mundo, o Código Hamurábi, que estabelecia punição aos crimes conforme a gravidade do delito. Foi desse princípio que veio o termo muito utilizado "olho por olho, dente por dente". Hamurábi foi um rei babilônico, depois que constantes ataques de povos asiáticos chamados amoritas, da região montanhosa da Armênia, acabaram com o Império acadiano e dominaram a região, fundando a cidade-estado da Babilônia, formando o Primeiro Império babilônico, por volta de 2150 a.C.

Voltando para os meteoritos, na língua acadiana, a palavra *kakkabu* significa estrela, com o Sumerograma[35] *MUL*. Como descreve Bjorkman (1973), a evolução da forma do sinal *MUL* ocorreu entre 3000 a.C. e 2000 a.C., mais ou menos da seguinte forma:

O último símbolo cuneiforme tornou-se o mais comum. Os termos *sararu* (SUR) e *maqatu* (SUB) significam "piscar" e "cair", respectivamente, que, precedendo a palavra *kakkabu,* indicam uma referência, principalmente, a estrelas cadentes e, talvez, a meteoritos.

Outras referências sobre os meteoritos no Oriente Próximo são encontradas na *Epopeia de Gilgamesh*, uma das maiores e mais antigas obras da literatura mundial. Ela conta a história do herói homônimo e de seu amigo Enkidu, narrando as proezas e aventuras que ambos passaram juntos. Os mais antigos fragmentos sobreviventes dessa epopeia

---

[35] Sumerograma: nome dado ao carácter cuneiforme sumério usado como ideograma ou logograma.

foram fruto de um poeta babilônico anônimo que o escreveu em acadiano entre 1700 a.C e 1600 a.C. Porém, o épico babilônico tem suas origens literárias em cinco poemas sumérios de antiguidade ainda maior. Cópias dessa epopeia, com variações, continuaram sendo registradas até o século II a.C., contudo, a primeira vez que referências potencialmente meteoríticas apareceram foi nessa versão babilônica mais antiga, chamada de *Versão Babilônica Padrão*, embora versões mais recentes, datadas a cerca de 1200 a.C a 1000 a.C., preservasse mais detalhes sobre os possíveis elementos meteoríticos.

As principais citações encontradas na *Versão Babilônica Padrão* ocorreram no tablete I, entre as quais as seções mais importantes estavam nas colunas V e VI, sobre um par de sonhos de Gilgamesh, no qual ele descreveu para sua mãe, a deusa *Ninsun*, pedindo a sua interpretação. A epopeia traduzida em 1989 por Stephanie Dalley[36] para a língua inglesa utilizou sinais de associação como parênteses, para mostrar acréscimos de palavras que ajudaram a fazer mais sentido em inglês, e colchetes, para marcar traduções incertas. Como transcrito em Larsen *et al.* (2011), o primeiro sonho de Gilgamesh foi o seguinte:

VERSÃO EM INGLÊS

There were stars in the sky for me.

And (something) like a sky-bolt of Anu kept falling upon me!

I tried to lift it up, but it was too heavy for me.

I tried to turn it over, but I couldn't budge it.

The country(men) of Uruk were standing over (it).

[The countrymen had gathered (?)] over it,

The men crowded over it,

The young men massed over it,

They kissed its feet like very young children,

I love it as a wife, doted on it,

[I carried it], laid it at your feet,

You treated it as equal to me.

---

[36] Stephanie Dalley (1943): assirióloga britânica e estudiosa do Antigo Oriente Próximo, conhecida por suas publicações de textos cuneiformes e sua investigação sobre os Jardins Suspensos da Babilônia.

TRADUÇÃO

Havia estrelas no céu para mim.
E (algo) como um raio de Anu continuava caindo sobre mim!
Eu tentei levantá-lo, mas era muito pesado para mim.
Tentei virar, mas não consegui movê-lo.
Os (homens) de Uruk estava de pé sobre ele.
[Os compatriotas haviam se reunido (?)] sobre isso,
Os homens se aglomeraram sobre ele,
Os jovens se amontoaram sobre ele,
Eles beijaram seus pés como crianças muito pequenas,
Eu amo isso como esposa, adorando
[Eu carreguei], coloquei a seus pés,
Você tratou como igual a mim.

Nesses trechos em negrito, é nítido que se tem a descrição de um objeto pesado que caiu dos céus, que Gilgamesh não teria conseguido levantar ou manusear, podendo ser intimamente ligado a meteoritos extremamente densos, como os metálicos compostos de ferro e níquel.

O Uso do Ferro Meteorítico no Oriente Próximo

De acordo com Forbes (1964), um objeto de ferro encontrado recentemente em uma sepultura no período pré-histórico da Mesopotâmia, conhecido como Al Ubaid (5500 a 4000 a.C.), foi examinado por Cecil Henry Desch[37], em seu trabalho de 1928. Ele detectou a presença de 10,9% de níquel no objeto, sendo essa uma das evidências necessárias para ser ferro meteorítico (ver Apêndice 1), que se acredita ter sido forjado à baixa temperatura. O Al Ubaid é um período da história que compreende o Neolítico (Idade da Pedra Polida) e a Idade do Bronze, quando ainda não havia o domínio de técnicas para a obtenção do ferro puro a partir de minérios, como a hematita (Fe_2O_3) e a magnetita (Fe_3O_4). O sítio arqueológico desse período é situado à oeste da cidade de Ur e marcado pela cultura das cerâmicas, cujo pigmento preto presente trata-se de óxido de ferro magnético,

---

[37] Cecil Henry Desch (1874-1958): químico britânico que exerceu o cargo de superintendente do Departamento Metalúrgico do Laboratório Nacional de Física da University College.

ou seja, o mineral magnetita. Eles eram usados como corantes, e os óxidos de ferro eram diluídos em diferentes graus nas argilas para produzir diferentes cores. Assim, fica evidente que os sumérios tinham conhecimento dos minérios de ferro terrestre nesse período e poderiam fazer distinção com o ferro "vindo dos céus".

Mediante descobertas arqueológicas recentes e pesquisas feitas em alguns desses artefatos, hoje, é conhecido que o ferro meteorítico foi usado em muitas dessas regiões do Mediterrâneo Oriental durante a Idade do Bronze ou até antes. Muitos desses artefatos de ferro não puderam ser adequadamente analisados, ou pelo estado pouco preservado, ou por falta de permissão para analisar esses raros objetos. Alguns pesquisadores, como cita Pigott (1999), acreditavam que o fato de conter mais de 1% de níquel e traços de cobalto não eram determinantes para serem considerados de origem meteorítica. Isso porque a laterita (solo rico em hidróxido de ferro e que contém níquel e cobalto) poderia ter sido utilizada como matéria-prima. O que enfraquece essa ideia é a raridade e a dificuldade em trabalhar com esse tipo de minério, além das menções ao ferro, como "ferro do céu", em diferentes civilizações.

Dessa maneira, a partir das definições para ferro e da sua utilização no início da civilização, assim como as referências encontradas em diversos textos, pode-se observar que existem amplas evidências para provar o uso do ferro meteorítico na Antiguidade. Contudo, a falta de observação adequada desse fato ignorou completamente o estudo das relíquias de ferro até recentemente, como observa Rickard (1941). Outra observação é que, diferentemente da sociedade egípcia antiga, os povos da região do Oriente Próximo entendiam as estrelas cadentes, os bólidos e os meteoritos como mensageiros dos deuses, porém, curiosamente, não os utilizavam como objetos de adoração, mesmo ambas as culturas estando geograficamente próximas.

Aliado ao fato de o uso do ferro meteorítico nas civilizações antigas ter sido amplamente negligenciado da história durante séculos, até o ano de 2007, apenas 30% dos 70 tabletes de *Enuma Anu Enlil* foram traduzidos. Inclusive, existem até alguns tabletes cujo conteúdo ainda é desconhecido ou incerto. Assim, esse é apenas um exemplo de como ainda existe muita informação acerca da nossa história a ser descoberta e elucidada. E isso certamente inclui as referências sobre os meteoritos e a todos os fenômenos relacionados a ele, interpretados e utilizados por diferentes sociedades ao longo da civilização humana.

4
Os meteoritos no Egito Antigo: de "sementes do Criador" à adaga de Tutancâmon

Uma pedra que simbolizava o primeiro fenômeno de criação na Terra foi adorada pelos egípcios. Nos seus antigos hieróglifos, já mencionavam a palavra biA-n-pt, que, pela tradução, significa "ferro do céu". Com esse ferro enviado pelos deuses, produziram artefatos usados em seus rituais de sepultura, além da confecção de joias, em um período que ainda o ferro valia mais do que o ouro. Entre os tesouros egípcios descobertos, está a adaga de Tutancâmon, feita com esse ferro que dava o poder de trazer o espírito à vida. Assim, a cultura do Egito antigo já é por si só envolta de puro misticismo. Agora, imagina pegar uma dessas histórias e acrescentar mais um ingrediente fascinante: os meteoritos. O resultado dessa mistura não poderia ser melhor. E o Histórias de Meteorito ou Meteoritos na História? conta um pouquinho dela para você.

Fonte: commons.wikimedia.org

O Ferro do "Céu"

Nossa viagem ainda continua nos tempos antes de Cristo, quando os meteoritos inicialmente eram adorados não só como presentes dos deuses, mas também como "sementes do criador" na Terra. Para a civilização egípcia antiga, que ocupou as terras férteis do rio Nilo entre os anos de 4500 a.C. e 640 d.C., o ferro era conhecido como o "metal do céu", sendo associado ao Sol, à morte e ao renascimento. Assim, no século XIII a.C., eles também já tinham ciência desses raros pedaços de ferro que caíam do céu, antecipando-se à cultura ocidental em mais de dois milênios.

Nos primeiros hieróglifos do antigo Egito, a palavras *biA* era eventualmente traduzida com ferro, mas podia ser facilmente referida a materiais com aparência ou propriedades físicas semelhantes. Exemplos dessa menção foram encontrados em diversos textos, incluindo os de funerais esculpidos nas paredes internas de algumas pirâmides (~ 2375 a.C.). A partir da 19ª dinastia (~1295 a.C.), uma nova palavra para se referir ao ferro foi encontrada nos hieróglifos, sendo agora *biA-n-pt*, que, pela tradução, significa "ferro do céu". O porquê de essa palavra ter surgido nos registros egípcios ainda é desconhecido, porém ela passou a ser utilizada para todos os ferros metálicos. Uma das suspeitas para o surgimento repentino dessa expressão foi um grande evento de impacto, ou uma larga chuva de meteoritos. A população que testemunhou algum desses acontecimentos deixou pouca certeza sobre a origem desse misterioso ferro. Um possível candidato é o impacto do meteorito Gebel Kamil, que caiu no Sul do Egito, mas não possui data registrada da sua queda. Com base nos estudos arqueológicos, uma grande cratera produzida pelo impacto de um meteorito de ferro foi descoberta no Sul do Egito, em 2008, e estima-se que ela tenha se formado nos últimos 5000 anos, sendo uma possível fonte de inspiração para o ferro dos egípcios: o "ferro do céu".

Os Meteoritos na Religião Egípcia

A pedra *Benben* foi o mais sagrado objeto dentro do templo em Helió-polis, situada a cerca de 10 quilômetros a noroeste de Cairo, e uma das cidades mais importantes do ponto de vista religioso e político no Egito Antigo. Essa pedra simbolizava o primeiro fenômeno de criação na Terra, surgida a partir das águas primordiais (*Nun*), sendo a primeira substância sólida originada de uma "gota da semente" do deus Atum. Ela, como se acredita, seria um meteorito.

Também conhecido como *Tem* ou *Temu*, *Atum* foi o primeiro e mais importante deus egípcio antigo a ser adorado em Iunu (Heliópolis, Baixo Egito), embora, em épocas posteriores, o deus *Rá* tenha se destacado na mesma cidade e o colocado em certo esquecimento. A tendência dominante em toda história do Egito foi o desenvolvimento de uma religião solar. Assim, no Antigo Império (3200 a.C. a 2100 a. C.), *Rá* (o Sol, deus de Heliópolis) se impôs como divindade nacional. Já no Médio Império (2100 a.C. a 1580 a.C.), *Ámon* (Amum) era o deus supremo do antigo Egito, sendo o principal da cidade de Tebas (atual Luxor), no Alto Egito, que, por sua vez, se tornou capital depois de Mênfis durante o regime antigo. *Ámon* constituía a tríade de Tebas com sua esposa Mut e seu filho Khonsu. Dessa maneira, a supremacia política de Tebas sobre o Egito levou à fusão do deus tebano *Ámon* com Rá de Heliópolis, da qual resultou uma síntese no culto de Ámon-*Rá*, transformando-se em um dos principais deuses do Egito antigo.

O Templo de Khonsu, filho de *Ámon*, ou também chamado de *Templo de Khons* e *Templo de Karnak* (localizado à margem direita do Nilo, na atual cidade de Luxor), foi construído por Ramsés III (1217 a.C. a 1155 a.C.) como um templo dedicado ao deus *Ámon-Rá*. É desse templo em Tebas que uma das maiores referências sobre a pedra *Benben* foi encontrada, cujas inscrições feitas conectam o termo *Benben* com a semente do criador *Ámon-Rá*. Como pode ser visto na citação retirada das paredes do templo, a pedra *Benben* pode ser entendida como uma pedra escoada, cuja natureza era a semente do deus criador. "Ámon-Rá é o deus que gerou (*bnn*) um lugar (*bw*) no oceano primitivo, quando a semente (*bnn.t*) fluía (*bnbn*) no primeiro tempo [...] fluía (*bnn*) sob ele como de costume, em seu nome semente" (ALFORD, 2010, p. 169).

Infelizmente, a pedra não existe mais, porém, pelos registros, provavelmente tinha forma de um cone, e diversos egiptologistas afirmam ser possível que *Benben* tenha sido uma rocha com origem meteorítica. Entre os principais a afirmarem que a pedra era um meteorito estão: Ernest Alfred Wallis Budge[38], em 1926, Jean-Philippe Lauer[39], em 1978, Robert Bauval[40], em 1989 e 1994, e, mais recentemente, Toby Wikinson[41], em 2001. Bauval foi

---

[38] Ernest Alfred Wallis Budge (1857-1934): arqueólogo britânico, realizou escavações no Egito, no Sudão e na Mesopotâmia. Foi também membro diretor do departamento de antiguidades asiáticas e egípcias do Museu Britânico.

[39] Jean-Philippe Lauer (1902-2001): arquiteto e egiptólogo francês, considerado o maior especialista em técnicas e métodos de construção de pirâmides.

[40] Robert Bauval: nascido em 1948, na Alexandria (Egito), é autor e palestrante, mais conhecido pela Teoria da Correlação de Orion relativa ao complexo da pirâmide de Gizé.

[41] Toby Alexander Howard Wilkinson: nascido em 1969, é um egiptólogo e acadêmico inglês.

o primeiro especialista a pontuar o fato de que o formato cônico do *Benben* coincide com certo grupo de meteoritos, conhecidos como "orientados". Isso porque alguns poucos meteoritos, ao penetrarem na atmosfera terrestre, atingem uma orientação preferencial de entrada, adquirindo formas mais aerodinâmicas, como um cone ou escudo.

A expressão pedra *Benben* era usada para se referir à pedra que ficava no topo das pirâmides egípcias. Ela era o local em que os primeiros raios de Sol caíam. Durante a V dinastia egípcia, o retrato de *Benben* foi formalizado como um obelisco achatado, porém, mais tarde, durante o Médio Império, se tornou um longo e fino obelisco.

Talvez o segundo caso mais famoso de adoração dos meteoritos no Egito seja o objeto cultuado em Tebas, chamado *ka-mut-ef*. Como descreve Alan Alford em seu livro *Pirâmides dos Segredos*, o egiptologista Gerald Avery Wainwright[42], em 1932, concluiu que era quase certo que um pequeno meteorito de ferro era cultuado como objeto sagrado para três deuses: Ámon, Min e Hórus. Uma série de estudos comprovou que Ámon e Min estavam intimamente ligados com os termos *"meteorites"* e *"thunderbolt"*, que têm o mesmo significado: meteoritos. Esses deuses eram duas partes do *ka-mut-ef*, e Hórus era o terceiro. Eles estavam ligados ao objeto *ka-mut-ef*, pois seu significado literal é traduzido como "touro de sua mãe", e, pela mitologia, Ámon, Min e Hórus haviam engravidado suas mães.

Min era um deus da fertilidade e da colheita, sendo uma personificação do princípio masculino. Ele também era adorado como o Senhor do Deserto Oriental. Seu culto se originou em tempos pré-dinásticos (4º milênio a.C.). Sobre o deus Hórus, os antigos egípcios tinham muitas crenças diferentes, sendo a mais comum que Hórus era filho dos deuses Ísis e Osíris. Depois que Osíris foi assassinado por seu irmão Seth, Hórus lutou com Seth pelo trono do Egito. Nessa batalha, Hórus perdeu um dos olhos. O olho foi restaurado, e ele se tornou um símbolo de proteção para os antigos egípcios. Após essa batalha, Hórus foi escolhido para ser o governante do mundo dos vivos. Assim, Hórus é visto como o deus do céu, do sol nascente e mediador dos mundos, representando a luz, a realeza e o poder.

---

[42] Gerald Avery Wainwright (1879-1964): egiptólogo e arqueólogo britânico conhecido pelas suas diversas descobertas, entre elas a que os egípcios usavam a constelação do Cisne para determinar o norte.

Imagem 6 – Meteorito Dhofar 182 do tipo rochoso orientado. Este é um exemplo de como pode ter sido a pedra *Benben*, em formato de cone com linhas orientadas.

Fonte: Norton e Chitwood (2008, p. 61)

Imagem 7 – O Templo de *Benben* em Heliópolis. O desenho é uma reconstrução de como o tempo pode ter sido nos tempos das primeiras dinastias

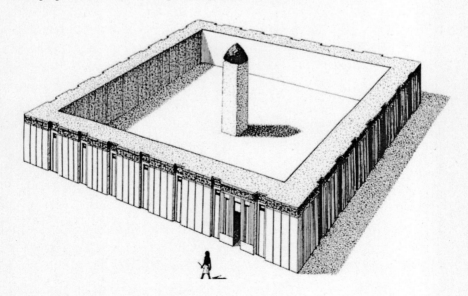

Fonte: Alford (2010, p. 181)

A Cerimônia de "Abrir a Boca"

Grande parte das referências de ferro meteorítico no Egito Antigo é simbólica, sendo associada aos deuses e a rituais de sepultura, como a cerimônia fúnebre de "Abrir a Boca", retratada na imagem da introdução. Durante a mumificação da realeza, ou até mesmo com monumentos de deuses, tais sepulturas eram consideradas um lugar de renascimento. Esse ferro era utilizado para confecção de artefatos, como adagas utilizadas nessas cerimônias. Isso porque o ferro do meteorito exercia um papel importante nesses rituais devido ao fato de estar associado a eventos naturais poderosos, como a passagem de meteoros (grandes bólidos brilhantes cruzando o céu) e barulhos de raio. O ritual consistia em golpear a boca da múmia real com a adaga, aplicando nela certa violência e força, para assim poder trazê-la à vida, no sentido de que o espírito divino residente no interior do corpo seria liberado. No caso do funeral real, a cerimônia da "Boca Aberta" era o ato crucial que traduzia o rei como espírito do céu. E acreditava-se que tais fenômenos naturais associados com a chegada do meteorito pudessem intensificar a potência do ritual.

Gerald Wainwright, sendo um egiptologista e arqueólogo do início do século XX, desenvolveu diversas ideias a respeito do uso dos meteoritos como objetos sagrados adorados e utilizados em rituais. Sobre o ritual do "Abrir a Boca", ele diz que "a chave para esta cerimônia foi a partir da cidade de Letópolis associada a um meteorito, no qual o raio ou meteorito não só abriu a boca do rei, mas também abriu as portas para o céu localizadas sob a cidade" (WAINWRIGHT, 1932 *apud* ALFORD, 2010). Em um dos seus textos, ele afirma:

> Vendo, portanto, que há muita evidência de que Letópolis era uma cidade de meteorito, pode restar pouca dúvida de que o caminho para o céu, que foi oferecido por uma escada de corda, foi derivado do voo de um meteorito. Pode até ter sido um raio, que a religião primitiva não distinguiu de um meteorito [...] (WAINWRIGHT, G. A. 1932 *apud* ALFORD, 2010, p. 176).

Letópolis é uma cidade situada a cerca de 10 milhas ao oeste de Heliópolis e cerca de 10 milhas ao norte de Gizé. Seu nome é derivado do grego, que significa Cidade do Meteorito (Thunderbolt City), e seu nome egípcio Khem foi escrito com o hieróglifo "meteorito do deus Min" (um dos deuses do meteorito *ka-mut-ef*).

A Adaga de Tutancâmon

Uma das descobertas mais incríveis para a ciência meteorítica, relacionando-a com a história do mundo, foi encontrar a adaga do jovem faraó Tutancâmon dentro do seu sarcófago. Esse é o mais famoso e um dos raros exemplos sobreviventes de objetos de ferro da cultura egípcia antiga, por isso a sua relevância para a história e para a pesquisa.

Tutancâmon tinha por volta de 17 anos quando morreu. Provavelmente, herdou o trono quando tinha apenas 8 ou 9 anos, tornando-se o 11º primeiro faraó da 18ª dinastia do Egito. Ele ficou famoso quando sua tumba foi descoberta intacta pelo arqueólogo britânico Howard Carter,[43] em 1922. Porém, só em 1925 Carter encontrou dois punhais, um de ferro e outro com uma lâmina de ouro, dentro da tumba do rei adolescente, que foi mumificado há mais de 3300 anos. O que mais intrigou os pesquisadores à época da descoberta, assim como em décadas posteriores, era que objetos puramente de ferro eram raros no Egito Antigo e o metal da adaga não enferrujava.

Análises químicas anteriores mostraram-se inconsistentes, sendo só recentemente sua origem meteorítica confirmada por meio de um artigo científico publicado em 2016. Utilizando um espectrômetro de fluorescência de Raios-X para determinar a composição química do metal, de maneira não destrutiva, pesquisadores italianos e egípcios concluíram que seu alto teor de níquel, junto aos seus níveis de cobalto, sugeria fortemente uma origem extraterrestre para o ferro utilizado para confecção da adaga.

Os meteoritos metálicos são feitos, principalmente, de Fe e Ni, com pequenas quantidades de Co, P, S e C, com quantidades vestigiais de outros elementos siderófilos e calcófilos. As recentes análises químicas encontraram quantidades compatíveis aos meteoritos metálicos previamente conhecidos, tendo uma média de 10,8% de Ni e 0,58% de Co em sua composição junto ao ferro, dentro de um intervalo de confiança de 95%. Quanto ao processo de fabricação, especialistas afirmam que, em comparação com outros itens mais simples feitos com esse tipo de material, a alta qualidade com que a lâmina foi forjada indica um domínio dessa técnica na época de Tutancâmon.

Em tais análises, eles também compararam a composição do ferro da adaga com meteoritos conhecidos dentro de 2000 quilômetros ao redor da costa do Mar Vermelho, no Egito, e encontraram níveis semelhantes em um

---

[43] Howard Carter (1874-1939): foi um arqueólogo e egiptólogo britânico que ficou conhecido por ter descoberto o túmulo do faraó Tutancâmon no Vale dos Reis.

meteorito. Conhecido como Kharga, esse meteorito classificado com um octaedrito fino IVA foi encontrado a 240 quilômetros a oeste de Alexandria, na cidade portuária de Mersa Matruh, que, na época de Alexandre, O Grande (século IV a.C.), era chamada de Amunia.

Imagem 8 - A adaga com lâmina de ferro meteorítico do faraó Tutancâmon exibida no Museu Egípcio do Cairo.

Fonte: Comelli *et al.* (2016)

As Miçangas de Gerzeh

Contudo, mesmo com essa incrível descoberta, a comprovação do ferro meteorítico na sociedade egípcia por meio desses objetos raros ocorreu um pouco antes, como consequência de uma escavação em 1911, no pré-dinástico cemitério de Gerzeh, às margens oeste do Nilo, cerca de 70 quilômetros ao sul do Cairo. A escavação do local revelou 281 sepulturas de origem pré-histórica, dos quais dois continham contas metálicas, ou miçangas de ferro, em forma de tubo: sete na tumba 67 e dois menores na tumba 133. Essas miçangas foram datadas, sendo originadas do período de 3350 a.C. a 3600 a.C., durante a Idade do Bronze e milhares de anos antes da Idade do Ferro no Egito (1200 a. C. a 1000 a.C.).

Durante a Idade do Bronze, o ferro era definitivamente raro, e seu valor era maior que o do ouro. Isso sugere que os artefatos iniciais de ferro não eram adequados para fins utilitários e militares, e as técnicas de trabalho para produzir o metal em grandes quantidades ainda não haviam sido dominadas. Por essa razão, em geral, supunha-se que objetos de ferro iniciais fossem produzidos de material meteorítico, apesar da rara existência de ferro fundido obtido fortuitamente como subproduto de fundição de cobre e bronze.

Assim, as miçangas encontradas foram originalmente consideradas como sendo de um meteorito, devido à sua composição de ferro rica em níquel. Porém, essa hipótese foi contestada na década de 1980, quando os pesquisadores propuseram que muitos dos primeiros exemplos mundiais de uso de ferro eram, na verdade, tentativas de fundição ou produzidos a partir de minérios de ferro, naturalmente ricos em níquel. Um exemplo seria o mineral raro chloanite $(FeNiCoAs)S_2$ para produzir uma camada de ferro fundido com alto teor de níquel. O método exato de fabricação para esses tipos de artefatos, a partir desses minerios, ainda está sujeito a debate entre os arqueometalurgistas atualmente.

As miçangas da tumba de Gerzeh 67 foram analisadas, primeiramente, em 1911 por William Gowland[44], embora não esteja claro quantas ou quais contas foram analisadas. Sua composição era relatada como óxido férrico hidratado, observando que essas foram completamente oxidadas, tendo 78,7% óxido de ferro e 21,3% de água, com traços de CO_2 e "material terrestre". Posteriormente, a análise de uma das contas foi realizada por Desch (o mesmo do capítulo anterior), em 1928, que determinou uma composição de 7,5% de níquel e 92,5% de ferro. Recentemente, análises feitas por duas universidades do Reino Unido, e publicadas em um artigo científico em 2013, utilizando uma combinação de microscópio eletrônico e tomografia computadorizada, confirmaram a composição química rica em níquel e encontraram o padrão de Widmanstätten, muito comum em meteoritos metálicos (ver Apêndice 1). Ambas são evidências de que o ferro é proveniente de um meteorito, porque os meteoritos têm uma impressão digital microestrutural e química única, tendo em vista que tiveram um histórico de resfriamento muito lento em seu período de formação. A composição química encontrada da miçanga nesse novo estudo foi de 47,5% de ferro, 42,9 de oxigênio, 4,8% de níquel e 0,6% de cobalto.

A miçanga escolhida para estudo foi retirada de um dos cordões encontrados, confeccionados também com pedras preciosas e ouro. Isso indica que os fragmentos espaciais tinham grande valor para os donos das joias e para os artesãos. Desse modo, a raridade do metal deu-lhe um lugar especial na sociedade egípcia, tornando o ferro fortemente associado à realeza e ao poder.

---

[44] William Gowland (1842-1922): foi um químico e metalúrgico britânico, conhecido, principalmente, por seu envolvimento em trabalhos arqueológicos de Stonehenge e no Japão.

Imagem 9 – Fotografia de objetos recuperados do túmulo 67 no cemitério de Gerzeh, incluindo uma paleta em forma de peixe, uma cabeça de maça de pedra calcária e dois cordões de miçangas. A miçanga analisada está marcado com um X.

Fonte: Johnson *et al.* (2013, p. 999)

Além de descobrir que o colar foi elaborado com material vindo do espaço, o estudo também apontou que o trabalho com ferro meteorítico deu aos egípcios a base para dominar a técnica do ferro fundido, surgida 2 mil anos mais tarde. Esse conhecimento teria sido crucial para a posterior produção de ferro a partir de minério de ferro, substituindo o uso de cobre e bronze como os principais materiais usados até então.

Imagem 10 – Miçanga analisada no estudo. Barra de escala de 1 cm.

Fonte: Johnson *et al.* (2013, p. 999)

Como cita Monteiro (2018), assim como Johnson e Tyldesley (2013) e Comelli *et al.* (2016), o ferro meteorítico foi encontrado em numerosos sítios arqueológicos da Antiguidade, como os que foram vistos aqui no cemitério de Gizéh e na tumba de Tutancâmon. Assim, os meteoritos tiveram profundas implicações para os egípcios antigos, tanto no contexto religioso, com sua origem celeste, quanto nas primeiras tentativas de metalurgia. A mitologia e a cultura egípcia são muito ricas em termos de conhecimento, principalmente pelo fato de ter sido uma civilização milenar. Desbravar todas suas histórias, seus deuses, rituais e descobertas, chega a ser um desafio. Nosso capítulo teve o intuito de trazer apenas um pouco dessas incríveis histórias entrelaçadas com os meteoritos. Descobrir e imaginar como esses "ferros do céu" eram profundamente adorados e cultuados tornam ainda mais especial o que, por natureza, já é toda a história do Egito Antigo.

5
Cibele e a "pedra" que expulsou os Exércitos de Aníbal

Cibele é uma deusa de muitos nomes, como a Grande Deusa da Frígia, Mãe do Ida, Agdistis, Reia, Grande Mãe, Magna Mater, entre tantos outros. Essa diversidade de nomes para se referir à mesma deusa deve-se a séculos de adoração e culto a Cibele, e a crença associada à sua imagem foi passada entre gerações, culturas e civilizações. Como forma de adoração, uma pedra, supostamente caída do céu, personificou a imagem de Cibele, sendo cultuada ao longo dos anos, conforme uma civilização era derrotada em batalhas e dominada por outra. Nesse contexto histórico, um provável meteorito representou Cibele, assim como uma "chuva de pedras" amedrontou os romanos, recorrendo à deusa com um pedido de ajuda contra a invasão iminente de Aníbal. Para saber como acabou essa história, embarque em mais uma Histórias de Meteorito ou Meteoritos na História?.

Fonte: commons.wikimedia.org

A Deusa Cibele

O Culto à deusa Cibele teve início na Região Centro-Oeste da antiga Ásia Menor, mais precisamente em Frígia, localizada à sudeste das ruínas de Troia e noroeste da Turquia (antigo Reino da Anatólia), entre os séculos XII a.C. e VII a.C. a Terra do lendário Rei Midas, que ganhou de Dionísio (deus grego do vinho) o poder de transformar tudo que tocava em ouro, teve como capital a cidade Górdio, e sua cultura foi marcada por um misto dos elementos das regiões de Anatólia, Grécia e Oriente Próximo.

Cibele era uma deusa primordial da natureza, mas também estava associada às atividades defensivas para proteção, sendo tipicamente representada com uma coroa e um par de leões ao seu lado. Seu culto era universal na região, tendo sua imagem cunhada na maioria das moedas e um templo construído na cidade de Pessino, por ordem do Rei Midas[45], o rei da Frígia, e não o lendário Midas. Foi nessa cidade que nasceu a crença de que a imagem sagrada da deusa Cibele havia caído do céu.

Além do seu nome Cibele, a deusa também teve nomes alternativos ligados às formações montanhosas da Frígia, como o Monte Ida, Monte Agdistis e o Monte Berecinto, que lhe deram os nomes de "Mãe do Ida", Agdistis e Berecíntia. As formas anteriores de seu nome em Anatólia incluíam o nome frígio "Kubileya" e o lídio "Kybebe", sendo a Lídia a parte ocidental da Anatólia.

Os sacerdotes eunucos de Cibele eram chamados de Galli, provavelmente devido ao Rio Gallus, um afluente do antigo Rio Sangários, na Frígia. Esses sacerdotes praticavam a autocastração em seus rituais, descritos por vários autores como selvagens, orgiásticos e barulhentos. Acredita-se que esse sacrifício se devia à lenda de que Attis, filho e amante de Cibele, havia se mutilado após a fúria da deusa ao descobrir que ele se apaixonou e se casou com outra mulher. Como também descrito no livro *Caso Contra os Pagãos*, de Arnóbio de Sica (255-330 d.C.), um dos primeiros escritores cristãos, os Galli costumavam vestir-se e comportar-se como mulher, tentando ser o mais feminino possível. Quando a adoração de Cibele foi incorporada à cultura romana, um festival chamado *Dies Sanguinis* (Dia do Sangue) começou a ser realizado nos meses de março pelos seus sacerdotes, onde eles se cortavam e bebiam esse sangue sacrificial para propiciar a divindade, com alguns deles praticando também a autocastração. Como Roma proibia seus cidadãos de promoverem tal mutilação, com o tempo, os Galli eram todos não cidadãos romanos.

---

[45] Arqueólogos da Universidade da Pensilvânia descobriram uma tumba datada de 700 a.C., na cidade de Górdio, que se acredita ser do verdadeiro Rei Midas.

Imagem 11 – Deusa Cibele representada em sua carruagem puxada por seus leões na cidade de Madri.

Fonte: o autor

Cibele no Império Macedônico

Macedônia era um antigo Reino, centrado na parte Nordeste da península grega. Os macedônios, de ascendência grega, ocupavam originalmente o Norte da Grécia, porém se fortaleceram econômica e militarmente, conquistando todo o território grego, como as cidades-Estado de Atenas e Tebas, sob a liderança do Rei da Macedônia, Filipe II (382 a.C.-336 a.C.). Contudo, o rei foi assassinado em 336 a.C., e quem assumiu seu lugar foi seu filho Alexandre Magno, que se tornaria Alexandre, o Grande (356 a.C.-323 a.C.). Em pouco mais de uma década de Reinado, Alexandre, que fora aluno do filósofo grego Aristóteles, expandiu os territórios macedônicos para além das fronteiras que herdou, anexando as regiões da Grécia Balcânica, a Ásia Menor, a Fenícia, a Palestina, a Mesopotâmia, o Egito, a Pérsia e parte da Índia.

Desse modo, o Império macedônico (359 a.C.-323 a.C.), durante a liderança de Alexandre, se tornou o Império mais poderoso do mundo, inaugurando o período helenístico da civilização grega antiga. Diante da conquista de territórios como o Egito e o Império persa, a fusão cultural entre a cultura helênica (grega) com a do Oriente Médio foi inevitável, e um dos polos da difusão dessa civilização helenística foi a cidade de Alexandria, fundada por Alexandre, no Egito. Alexandria se tornou conhecida pela sua grandiosa biblioteca, a maior biblioteca do mundo antigo, que abrigava mais de 400 mil obras, incluindo arte, ciência e filosofia. Após a morte de Alexandre, houve uma crise sucessória por seu Império, uma vez que seu filho ainda estava no ventre de sua esposa Roxana. A falta de um sucessor legítimo culminou em disputas entre seus generais, que dividiram seu Império em três grandes Reinos governados pelas dinastias de Cassandro (Macedônia e a Grécia), Seleuco (Pérsia, Mesopotâmia, Síria e Ásia Menor) e Ptolomeu (Egito, Fenícia e Palestina). Essa divisão, obviamente, viria a enfraquecer o vasto Império construído por Alexandre, sendo aos poucos dominado pelos romanos. Uma das grandes perdas foi o trágico incêndio na Biblioteca de Alexandria, que até hoje é um mistério, mas se acredita ter sido em decorrência da invasão do imperador romano Júlio César (100 a.C.-44 a.C.) no Egito, em 48 a.C. Ele depois viria a ser amante de Cleópatra (69 a.C.-30 a.C.), que, após o seu assassinato, se envolveria com o general de Júlio Cesar, Marco Antônio (83 a.C.-30 a.C.), que, por sua vez, se tornou Cônsul-geral de Roma e ajudou na ascensão de Cleópatra ao poder. Ela, então, se tornaria uma das mais poderosas governantes, porém a última do Reino ptolemaico do Egito, em 30 a.C.

Contudo, durante o período de conquistas de Alexandre, após estabelecer domínio completo sobre a Grécia, ele se dirigiu à Ásia Menor, onde existiam regiões de adoração à deusa Cibele. Logo, os gregos que posteriormente se estabeleceram na Ásia identificaram a deusa asiática como a mãe de todos os deuses gregos, a titânide Reia, cuja adoração eles estavam familiarizados há muito tempo. Sua primeira aparição na Grécia foi no século V a.C., quando uma antiga construção em Atenas, que abrigava o conselho da cidade, foi transformado no templo dedicado à deusa mãe Cibele.

Assim, na mitologia grega, Cibele seria uma encarnação de Reia, filha de Urano (deus do céu) e de Gaia (deusa da Terra). O famoso poeta grego Hesíodo (~ século VIII a.C.) narrou o surgimento dos titãs em sua obra clássica chamada *Teogonia*. Na sua narrativa, Gaia teria gerado sozinha Urano, que, por sua vez, se casou com sua mãe, cuja união gerou 12 titãs (ancestrais dos futuros deuses olímpicos), incluindo Reia e Cronos (deus do tempo). Seis filhos foram gerados da união dos irmãos Reia e Cronos, entre eles os mais famosos: Hades, Poseidon e Zeus, o mais novo e nascido no Monte Ida da ilha de Creta. Após Reia salvar Zeus de ser devorado por seu pai quando bebê, como Cronos fez com seus outros filhos, ao crescer, Zeus salvou seus irmãos, baniu os titãs para o submundo e destronou o deus do tempo, tornando-se o senhor do céu e divindade suprema da terceira geração de deuses da mitologia grega. Por essa razão, Reia, agora Cibele, era considerada pelos gregos a Grande Mãe, ou seja, mãe de todos os deuses.

Cibele na República de Roma

Com a morte de Alexandre, o Grande, e as divisões territoriais, o Império macedônico começou a ruir quando a República de Roma decidiu ter o controle político da região, sendo assim travadas as Guerras Macedônicas por mais de um século (214 a.C. -148 a.C.). Tradicionalmente, as Guerras Macedônicas incluem, principalmente, as quatro guerras contra o Reino da Macedônia, uma guerra contra o Império selêucida[46] e uma guerra menor contra a Liga Aqueia[47]. Esta última é frequentemente considerada como a fase final da última guerra dos romanos contra a Macedônia. A Batalha de Corinto, uma das cidades gregas da Liga Aqueia, resultou na destruição completa da cidade em 146 a.C., marcando definitivamente o início da dominação romana na história grega.

A partir dessa dominação, nasceu a cultura que conhecemos como greco-romana, sendo que boa parte da cultura grega foi assimilada pela sociedade romana. Isso se deve, principalmente, pela admiração e ambição que o povo de Roma tinha pela cultura, literatura e arte grega, levando, assim, a um processo de aculturação. Dessa maneira, ocorreram adaptações da cultura helenística vinda da Grécia dentro da cultura romana, misturando conhecimentos, tradições, costumes e religião. Durante esse processo, as mitologias gregas e romanas se fundiram, sendo que quase todos os deuses romanos possuem seus correlatos gregos. Assim, sob tal influência, os deuses romanos se tornaram mais humanos, exibindo características diversas, como ciúme, amor e ódio, tornando Cibele não apenas a mãe dos deuses, mas também a mãe universal de todos os seres humanos, animais e plantas. Referida como a Magna Mater, ou Grande Mãe, ela era a personificação da Mãe Terra. Mesmo não havendo grande culto a Cibele entre os gregos, em Roma, a deusa era bastante popular, embora os cultos fossem proibidos, pois os líderes romanos se sentiam ameaçados com seu poder.

---

[46] Império Selêucida (323-64 a.C.): Império fundado por Seleuco I, um dos generais de Alexandre, o Grande, após a sua morte, cujos generais entraram em conflito pela divisão de seu Império na região da Babilônia.

[47] Liga Aqueia: confederação de cidades-Estados da Acaia, uma região costeira a norte do Peloponeso, na Antiga Grécia.

A fim de estabelecer sua supremacia na bacia mediterrânea, nesse mesmo período, Roma também travava disputas com a República Cartaginesa, que ficou conhecida como Guerras Púnicas (264 a.C.-146 a.C.). No mesmo ano em que a Grécia sucumbiu a Roma em 146 a.C., ocorreu a destruição de Cartago pelo Exército romano no fim da Terceira Guerra Púnica. A civilização cartaginesa, ou civilização púnica, foi uma das maiores potências comerciais e militares do seu tempo, entre o fim do século IX a.C. e meados do século II a.C. Cartago, a cidade que lhe deu o nome, foi fundada pelos fenícios na costa do golfo de Tunes, no Norte da África. Uma das figuras que mais se destacou nas Guerras Púnicas foi o general e estadista cartaginês, Aníbal Barca (247 a.C.-181 a.C.).

Aníbal e seu Exército, que incluía dezenas de elefantes de guerra e mais de 20 mil homens, partiram da Hispânia (Península Ibérica durante a Roma Antiga) e, ao invés de seguir pelo mar, utilizaram uma inesperada rota de ataque, atravessando as cordilheiras dos Pireneus e os Alpes, com o objetivo de conquistar o Norte da Itália. Desde sua travessia pelos Alpes, Aníbal ocupava seu lugar na Itália há mais de uma década, mesmo com suprimentos escassos, ameaçando, assim, a existência do Estado romano. Foi nesse contexto que a deusa Cibele exerceu forte influência sobre o povo, inclusive sobre o Senado romano.

Cibele "Salva" Roma dos Exércitos de Aníbal

Tito Lívio (59 a.C.-17 d.C.) foi um importante historiador romano durante a Roma antiga, nascido em Pádua, na Itália. Mesmo com uma origem humilde, sua habilidade para a escrita fê-lo adquirir grande prestígio junto a Augusto (63 a.C.-14 d.C.), o primeiro imperador de Roma depois do assassinato de Júlio César. A sua principal obra literária, e de grande importância para a história da humanidade, foi *Ab Urbe Condita Libri*, frequentemente referida como *História de Roma desde a sua Fundação*. Esta obra, a qual Lívio começou a escrever por volta de 27 a.C., era composta originalmente de 142 livros, porém restaram apenas 35, tornando-se uma das principais fontes históricas para o estudo da Roma Antiga, desde sua Monarquia, República até a fase inicial do Império. Nessas obras, são relatadas as conquistas romanas da Grécia, da Macedônia, além da Segunda Guerra Púnica (218 a.C.-202 a.C.), contra os cartagineses de Aníbal.

Em seus relatos, Lívio narra a história de como o culto à deusa Cibele foi transferido para Roma, em circunstâncias históricas de guerra, descrevendo sua importância para os romanos e considerando como sagrada a pedra que a representava. Assim, o culto a Cibele chegou a Roma por volta do final do século III a.C., porém a "pedra sagrada", utilizada para seu culto em Pessino, chegou apenas no início do século II a.C. A história detalhada da transferência da pedra é fornecida por diversos escritores em termos variados: alguns contam de maneira poética o momento histórico, e outros relatam de forma mais tradicional.

Dessa maneira, como descrito por Lívio, desde sua chegada à Itália, e mesmo não tendo invadido Roma, Aníbal ameaçava os romanos, pois havia vencido algumas batalhas durante a Segunda Guerra Púnica após sua travessia pelos Alpes. Nesse período, no ano 205 a.C., já não bastasse a constante ameaça da presença do general cartaginês em territórios romanos, uma chuva de pedras assustou e alarmou o povo de Roma. Diante desses fatos, os decênviros[48] consultaram os Livros Sibilinos, a fim de encontrar respostas de como enfrentar e combater o inimigo.

Os Livros Sibilinos eram três volumes de uma obra muito valorizada na Antiguidade, pois continham previsões feitas por mulheres oraculares imortais, chamadas sibilas, como acreditavam os povos gregos e romanos. As 10 sibilas, cujo significado se acredita ser Concelho de Zeus, eram conhecidas pelos nomes de Cumas, Cime, Delfos, Eritréia, Helesponto, Líbia, Pérsia, Frígia, Samos e Tibur. Como descreve Fischer (2006), a princípio, havia nove rolos de profecias. A sibila de Cumas ofereceu-os ao sétimo e último rei lendário de Roma, Tarquínio de Prisco (616 a.C.-579 a.C.). Este se recusou a comprá-los duas vezes, e, a cada recusa, a Sibila queimava três rolos. Finalmente, Tarquínio comprou os três restantes pelo preço dos nove, sendo esses mantidos em Roma durante séculos como "textos sagrados". Ao consultarem os Livros Sibilinos, os decênviros encontraram certos versos nos livros proféticos, que se conectavam com aquele momento em que Roma vivia, e logo relataram ao Senado a descoberta. Como citado por McBeath e Gheorghe (2005), os versos diziam que, se um inimigo estrangeiro levasse a guerra até as terras da Itália, ele poderia ser derrotado e expulso, caso a "Mae de Ida" (Cibele) fosse trazida de Pessino para Roma.

Assim, segundo os autores citados, os relados de Lívio, Heródio e Arnóbio afirmavam que a profecia sibilina foi confirmada pelo Oráculo de Delfos, localizado dentro do Templo do deus Apolo, na antiga cidade grega de Delfos. O Oráculo de Delfos recebia visitas não só de figuras importantes, como Alexandre, o Grande, mas também de cidadãos comuns e embaixa-

---

[48] Decênviros: magistrados com poderes para editar as leis romanas contidas na Lei das Doze Tábuas.

dores que buscavam por conselhos, tanto para problemas pessoais como para grandes e complexas questões políticas e de relações exteriores. Assim, embaixadores foram enviados de Roma até o Oráculo e lá descobriram que o Magna Mater (Cibele) deveria ser procurado por intermédio do Rei Átalo da Frígia e depois recebido em Roma.

De acordo com as orientações do Oráculo, o Senado começou a considerar como a deusa poderia ser transportada para Roma, enviando cinco nobres como embaixadores romanos a Pérgamo, na Frígia, que foram bem recebidos pelo Rei Átalo. Porém, diferentemente do relato de Lívio, que diz que o rei ficou feliz em dar a "pedra sagrada" aos romanos, Ovídio afirma, em sua obra, que o rei inicialmente recusou o pedido, contudo, após um terremoto assolar regiões na Frígia, o rei entendeu que a deusa Cibele estava pedindo para ser enviada a Roma.

Assim, a "pedra sagrada" de Pessino foi levada por terra e depois pelo mar, com um navio especialmente construído para seu transporte, até chegar a Roma na primavera de 204 a.C. Enquanto era transportada para Roma, uma nova "mensagem" vinda do céu assustou os romanos. Um meteoro brilhante cruzou a Itália, de leste a oeste, um pouco ao sul de Roma, e uma forte detonação se seguiu. Disso, ou de algum outro meteoro, outra chuva de pedras caiu. Devido a esse episódio, foram ordenados nove dias de exercícios religiosos.

Quando a "pedra sagrada" chegou através do Rio Tibre, o terceiro rio mais longo da Itália, a cidade inteira saiu às ruas para encontrar a deusa, inclusive cavaleiros e senadores romanos. Durante a passagem da pedra de Cibele pela cidade, ocorreu uma grande procissão, na qual os cidadãos se revezavam para levar a pedra até o Templo da Vitória (onde guardavam os espólios de guerra das vitórias romanas), no Monte Palatino. Para lembrar e festejar a chegada da deusa, foi criado um festival chamado Megalésia, celebrado todos os anos, entre os dias 4 e 10 de abril.

Com menos de um ano da chegada de Cibele a Roma, Aníbal e seu exército foram forçados a se retirar da Itália. Seu adversário romano, Públio Cornélio Cipião Africano (236 a.C.-183 a.C.), que o vencera na batalha em Canas, mesmo após as sucessivas vitórias cartaginesas na Península Itálica, tinha agora invadido a África. O Senado cartaginês, diante da invasão romana em Cartago, enviou ordem de retorno para Aníbal, que, sem alternativa, regressou e foi posteriormente derrotado na Batalha de Zama (atual Tunísia), encerrando, assim, a Segunda Guerra Púnica em 202 a.C.

Como gratidão do povo pela libertação de Roma às ameaças do general Aníbal, um templo foi erguido para a deusa Cibele. O Templo da Magna Mater foi inaugurado em 11 de abril do ano 191 a.C., também no Monte Palatino. Nesse templo, foi construída uma estátua de prata, na qual a pedra trazida de Pessino ficava no lugar que seria a cabeça, sendo essa imagem cultuada pelos romanos pelos 500 anos seguintes. Os romanos, até então, não aceitavam cultos religiosos, porém o culto a Cibele acabou alcançando reconhecimento oficial durante o Reinado do imperador Cláudio (10 a.C.-54 d.C.), no qual a deusa se tornou, inclusive, a protetora dos soldados durante a guerra.

A "Pedra Sagrada" e sua Origem Meteorítica

A aparência física da "pedra sagrada" de Cibele foi descrita em diferentes obras, algumas até com séculos de diferença. Comumente, sua descrição era de uma rocha com forma cônica de cor marrom, parecendo um pedaço de lava. Assim, como afirmam Pinto (1952) e Newton (1897) em seus trabalhos, alguns autores sobre história antiga também citam que, em um momento desconhecido, durante o Reino da Frígia, uma pedra de origem meteorítica caiu perto da cidade de Pessino, sendo levada para o Templo de Cibele. Outros autores mencionam que um meteorito preto foi levado da Ásia Menor para Roma, em 204 a.C.

Infelizmente, os textos que sugeriam que ela havia caído do céu são relativamente atrasados, e descrições mais detalhadas sobre a pedra e a adoração da Magna Mater são encontradas apenas em textos gregos e romanos, muitos anos após esse evento. McBeath e Gheorghe (2005) transcreveram alguns trechos desses relatos feitos por diferentes autores da Roma Antiga, nos quais tais traduções para a língua inglesa foram encontradas em diferentes trabalhos, como nos exemplos a seguir:

- Apiano (95-165), um historiador romano, em sua obra *História Romana*, apresentou uma sugestão clara e mais antiga de que a pedra que representava a Magna Mater era de origem meteorítica. Sobre os eventos de 204 a.C., ele escreveu:

  > Como certos prodígios terríveis enviados por Júpiter (Zeus, na mitologia grega) haviam aparecido em Roma, o decênviro que consultou os livros sibilinos disse que algo em breve cairia do céu em Pessino, na Frígia (onde a Mãe dos Deuses é adorada pelos frígios), que deveria ser trazida para Roma.

> Pouco tempo depois, chegou a notícia de que havia caído e a imagem da Deusa foi trazida à Roma, e ainda hoje eles se santificam para a Mãe dos Deuses no dia em que ela chegou (WHITE, 1912, p. 390-393 *apud* MCBEATH; GHEORGHE, 2005, p. 138).

- Herodiano (178-252), um historiador grego, em sua obra *História do Império Romano desde a morte de Marco Aurélio*, diz que a pedra caiu do céu há muito tempo e foi encontrada pela primeira vez em Pessino, um local na Frígia. Em seus relatos, Herodiano usou o termo grego diopetes, cujo significado literal é caído de Zeus. Uma vez que Zeus é o deus do céu, então o termo pode ser confortavelmente interpretado como um objeto que caiu do céu. Pela tradução livre de alguns dicionários on-line, essa definição é diretamente dada.

> A história é que a estátua real da deusa caiu de Zeus, mas ninguém sabe do que é feita ou quem era o artesão, e eles dizem que não é de obra humana (WHITTAKER, 1969, p. 66-69 *apud* MCBEATH; GHEORGHE, 2005, p. 138).

- Arnóbio de Sica (255-330), um escritor romano, no seu livro *Caso Contra os Pagãos*, relatou com precisão o que via na estátua de Cibele, com a pedra no lugar da cabeça, levando à crença de que a pedra sobreviveu até seu tempo. Ele cita:

> [...] uma certa pedra de grande tamanho, que poderia ser carregada na mão de um homem sem exercer nenhuma pressão sobre ele, de cor escura, irregular, com algumas arestas projetadas, e que todos vemos hoje colocados naquela mesma imagem em vez de um rosto, áspero e sem cortes, dando à imagem um semblante de modo algum realista. (MCCRACKEN, 1949b, p. 536-537 *apud* MCBEATH; GHEORGHE, 2005, p. 137)

Infelizmente, não existem relatos sobre o que aconteceu com a estátua e a pedra, que representava o rosto de Cibele. Newton (1897) menciona que Rodolfo Lanciani (1845 -1929), um arqueólogo italiano pioneiro no estudo da topografia romana antiga, durante seus trabalhos de escavação no Monte Palatino, encontrou a região praticamente vazia. Contudo, um volume raro, com relatos de escavações em 1730, foi encontrado por ele em uma capela privada na mesma região, o que, provavelmente, possa ser o último registro e descrição da "pedra sagrada" de Cibele. Dessa maneira, o autor do volume descreve:

> Sinto muito que nenhum fragmento de estátua, baixo-relevo ou inscrição tenha sido encontrado na capela, porque essa ausência de qualquer indicação positiva nos impede de determinar o nome da divindade a quem o local foi dedicado principalmente. O único objeto que descobri nela era uma pedra com quase um metro de altura, de forma cônica, de uma cor marrom profunda, muito parecida com um pedaço de lava e terminando em uma ponta afiada. não sei o que aconteceu com isso (NEWTON, 1897, p. 358).

Assim, o que fica evidente é que o provável último registro da pedra de Pessino foi idêntico ao de outros autores, o que leva a crer que todos falavam da mesma pedra utilizada por séculos para adoração à deusa Cibele. Nunca teremos certeza se ela realmente era um meteorito, mas ter a crença de que realmente a pedra veio dos céus torna toda a história incrivelmente mais especial!

6
Elagabalus: o deus Sol representado pela Pedra Negra de Emesa

Entrando numa nova era, nos primeiros séculos depois de Cristo, uma grande pedra negra trazida da cidade síria de Emesa foi adorada como o deus Sol, Elagabalus, por uma figura um tanto peculiar, o imperador de Roma, Heliogabalus. Um árabe que se tornou imperador romano, ele confrontou toda uma sociedade com suas vestimentas pouco tradicionais e extravagantes, além de um comportamento não masculino e viril como esperado para o cargo. Além disso, promovia sacrifícios durante seus rituais, matando inclusive mulheres, como oferendas para seu deus. Pode-se imaginar o desagrado do Senado, dos militares e do povo de Roma, culminando em seu assassinato e um curto mandato. Essa é mais uma das incríveis Histórias de Meteorito ou Meteoritos na História? que vamos te contar.

Fonte: commons.wikimedia.org

Heliogabalus e Elagabalus

Em 218 d.C., após uma conturbada ascensão articulada por sua avó materna Julia Maesa, Heliogabalus assumiu o Império romano com apenas 14 anos de idade. De origem árabe, nascido na cidade síria de Emesa (atual Homs, a 160 quilômetros de Damasco), era descendente da dinastia dos Severos, que governou Roma de 193 a 235. Filho de Julia Soemia Bassiana e do senador Sextus Varius Marcellus, seu verdadeiro nome era Varius Avitus Bassianus. Mas, então, por que Heliogabalus?

O menino-imperador de Roma (218-222) era o sumo-sacerdote do templo em Emesa dedicado ao deus solar sírio, Elagabalus (*Elah-Gabal*), pois o ofício era hereditário em sua família. Contudo, sua obrigação se tornou fonte de verdadeira adoração ao deus e veneração a um baetil[49], uma pedra negra sagrada que o representava. Apesar de seu nome oficial como imperador ter sido Marco Aurélio Antonino, Heliogabalus é seu nome historicamente conhecido, devido ao deus Elagabalus em conjunto com a palavra hélio, para enfatizar a sua conexão ao Sol.

Assim, como um sacerdote extremamente devoto, ele não poderia deixar sua pedra sagrada do templo Emesa para trás. Então, sua mudança para Roma ficou marcada pela transferência do templo dedicado ao deus Sol para a face leste do Monte Palatino, o mesmo em que se encontrava Cibele. Com isso, o deus *Sol Invictus* passou a ser celebrado no dia 25 de dezembro em Roma. Porém, tratando-se de Heliogabalus, considerado um dos imperadores romanos mais excêntricos, esse trajeto entre Emesa e Roma não seria nada trivial, ou seja, dentro de uma normalidade esperada. Ele e sua pedra negra viajaram por quase um ano inteiro, principalmente por terra, em uma procissão solene e colorida, na qual a pedra era exibida proeminentemente.

A Pedra Negra de Emesa

Herodiano, o mesmo historiador grego que descreveu a pedra sagrada da deusa Cibele, viveu no século III d.C., mesmo período da dinastia dos Severos. Como autor de *História do Império Romano desde a morte de Marco*

---

[49] Baetil: uma pedra venerada, que se acredita ser, de certo modo, a "casa de deus". Termo vem da palavra com origem hebraica *Beth-El* (Betel), que significa "casa de Deus", sendo uma cidade bíblica situada a norte de Jerusalém, um lugar de elevada importância para os israelitas, onde prestavam culto a Deus. Provavelmente, essa analogia seja derivada do trecho da Bíblia, no Salmo 28.1, em que Deus é comparado a uma rocha. Salmo 28.1: "A ti clamo, ó Senhor; rocha minha, não emudeças para comigo; não suceda que, calando-te a meu respeito, eu me torne semelhante aos que descem à cova".

Aurélio[50], em um dos seus livros (livro V), forneceu relevantes detalhes sobre a pedra de Elagabalus, sendo talvez a maior referência bibliográfica. Em seus relatos, ele também descreve em detalhes a procissão dedicada à pedra sagrada, sendo tratada como uma divindade, devido à crença de que a pedra caiu do céu para servir como imagem do deus Sol. Assim, Herodiano descreveu uma de suas performances:

> O deus foi trazido da cidade para este lugar em uma carruagem brilhando com ouro e pedras preciosas, e puxada por seis grandes cavalos brancos sem a menor mancha, soberbamente endurecidos com ouro e outros ornamentos curiosos, refletindo uma variedade de cores. Antonino ele próprio segurava as rédeas - e nenhum mortal tinha permissão para estar na carruagem; mas todos o acompanhavam como cocheiros da divindade, enquanto ele corria para trás, conduzindo os cavalos, com o rosto voltado para a carruagem, para que ele pudesse ter uma constante vista de seu deus. Dessa maneira, ele realizou toda a procissão, correndo para trás com as rédeas nas mãos e sempre mantendo os olhos no deus, para não tropeçar ou escorregar (já que não conseguia ver para onde estava indo), todo o caminho estava coberto de areia dourada, e seus guardas correram com ele e o apoiaram em ambos os lados. O povo compareceu à solenidade, correndo de cada lado do caminho com círios e tochas, e jogando guirlandas e flores ao quando passavam. Todas as efígies dos outros deuses, os mais caros ornamentos e presentes dos templos, e as brilhantes armas e insígnias da dignidade imperial, com todos os ricos móveis do palácio, ajudaram a enfeitar a procissão. O cavalo e todo o resto do exército marcharam com pompa antes e depois da carruagem (NEWTON, 1897, p. 358).

Dessa maneira, Heliogabalus costumava promover grandes festivais populares ente as massas, com jogos, distribuição de alimentos e conduzia ele próprio um verdadeiro espetáculo, desfilando com a pedra sagrada em uma carruagem adornada com ouro e joias pela cidade.

Sendo possivelmente uma testemunha ocular da pedra, Herodiano descreve a rocha como algo enviado dos "céus", feito não por mãos humanas. O baetil de Emesa era uma grande pedra negra, que tinha a aparência de um cone com base circular e topo pontiagudo, com uma superfície irregular, com pequenos pedaços salientes. Assim, Herodiano escreveu:

---

[50] História do Império Romano desde a morte de Marco Aurélio: livro em oito volumes, que descreve o Reinado de Cômodo (180-192), o Ano dos Cinco Imperadores (193), a era da dinastia Severa (211-235) e o Ano dos Seis Imperadores (238).

É uma pedra grande, arredondada na base e gradualmente afinando para cima até uma ponta afiada; tem a forma de um cone. Sua cor é preta e há uma tradição sagrada de que caiu do céu. Eles mostram certas proeminências e depressões na pedra, e aqueles que as veem convencem seus olhos de que estão vendo uma imagem do Sol não feita por mãos (NEWTON, 1897, p. 358).

A descrição é suplementar e confirmada pelas moedas cunhadas em outro e prata, na antiga Roma, e em bronze, na cidade de Emesa, ao longo de anos de celebrações. Algumas delas dão uma ideia muito aproximada de como teria sido o Templo de Emesa, ou mesmo um dos altares construídos na frente do prédio. Outras moedas mostram a pedra negra cônica sendo protegida por uma águia, o pássaro-sol da Síria.

Levando em consideração o conhecimento das características de um meteorito, cientificamente reconhecido como uma rocha ou um metal de origem espacial, a descrição de Herodiano muito se relaciona com o que vemos em alguns fragmentos meteoríticos. Como já mencionado sobre a pedra de *Benben* no Egito, quando o meteorito entra na atmosfera, algumas vezes, assume uma orientação preferencial de entrada, adquirindo formas mais aerodinâmicas como um cone. Além disso, forma-se uma crosta de fusão preta em sua superfície devido às altas temperaturas provocadas pelo atrito com os gases atmosféricos durante a entrada do objeto a velocidades extremamente elevadas, entre 10 e 70 km/s. Nessa entrada, também podem ser formados sulcos, que parecem marcas de dedo chamados de regmaglitos, frequentemente observados nos meteoritos. Assim, mesmo sem ter a verdadeira comprovação de que Elagabalus era representado e adorado por meio de uma rocha extraterrestre, tem-se o relato que nos abre precedentes de crer realmente se tratar de um meteorito.

Imagem 12 – Moedas cunhadas com a pedra negra no templo de Elagabalus e a pedra sendo carregada em uma carruagem de quatro cavalos, ou quadriga. Um sudário, ricamente bordado com uma águia e estrelas, cobre a pedra, enquanto uma estrela de oito pontas no campo acima alude à sua origem celestial.

Fonte: Saperaud, acervo do commons.wikimedia.org (2011)

Imagem 13 – Meteorito Kararol, classificado como condrito LL6, caiu em 6 de maio de 1840, no Cazaquistão. Apresenta formato cônico, com superfície preta e estruturas irregulares, chamadas regmaglitos

Fonte: Amin *et al.* (2019, p. 16.181)

O Imperador Excêntrico

Seria impossível não pensar em um choque cultural: um filho de pai e mãe sírios, nascido e criado na Síria, tornar-se imperador de Roma, dominado pelo Cristianismo. Heliogabalus reuniu, em uma única pessoa, o cargo de imperador romano e sacerdote de um deus Sírio, em que o comportamento e as tradições certamente entrariam em conflito, ainda mais se tratando de alguém com tão pouca experiência.

Além de Herodiano, ele foi retratado por diferentes historiadores, como Dião Cássio[51], autor de *História Romana*[52], como também teve menções em *História Augusta*, uma série de histórias de imperadores romanos escritas ao longo do século IV. Nesses relatos, o que se tornou uma constância entre os autores foi a sua imagem negativa, possivelmente entrando para o *hall* dos imperadores romanos mais odiados da história, junto de Calígula, Nero e Domiciano. Isso porque seu curto Reinado foi marcado por crueldades e extravagâncias bárbaras, sacrifícios religiosos como oferendas, desvios de padrão de gênero para a época e excessos de práticas sexuais. Contudo, Heliogabalus apenas reproduziu as práticas culturais que executava na cidade de Emesa, mas agora como imperador romano.

---

[51] Dião Cássio (155-235): foi um historiador romano e servidor público, atuando, principalmente, como senador e sendo nomeado cônsul por Alexandre Severo. Ele publicou a História de Roma em 80 volumes escritos ao longo de mais de 20 anos, sendo que a maioria sobreviveu ao tempo.

[52] História Romana: uma obra de 80 livros, escrita em grego antigo na primeira metade do século III, por Dião Cássio.

Logo que chegou a Roma, uma de suas primeiras obras como imperador foi construir um templo com inúmeros altares para sua divindade síria, à qual ele se dirigia toda a manhã. Em *História Augusta*, há o relato de que, após a construção do templo, Heliogabalus mudou os emblemas da Grande Mãe, o fogo de Vesta e a estátua de Minerva, causando indignação dos romanos. No templo, acontecia uma verdadeira carnificina, sendo, nesses rituais, sacrificados animais, como vacas e ovelhas, e até mulheres, no que se acredita que o sangue de suas oferendas era misturado com vinho. Herodiano relatou que Heliogabalus obrigou os senadores a assistir, enquanto ele mesmo conduzia os refrões e fazia com que as mulheres dançassem com ele envolta dos altares de sua divindade ao som de tambores.

Outro aspecto, que chocou a sociedade romana da época, foi seu comportamento libertino e suas vestimentas. Apensar de sua mãe incessantemente o aconselhar a tentar seguir os padrões para não desagradar o Senado, Heliogabalus escolheu o caminho da excentricidade. Como descreve Silva (2019), suas vestimentas sacerdotais eram consideradas nos textos como *cross-dressing*, ou seja, transitando entre as fronteiras normativas de gênero da época. Ele afirmava não gostar das roupas usadas pelos romanos, que eram feitas de lã, uma matéria-prima pobre. Por sua vez, costumava sair em público ao som de flautas e tambores, com túnicas de seda de manga larga e muito colorido, costuradas e talhadas com ouro. Na cabeça, uma coroa repleta de pedras preciosas coloridas, e usava joias persas, inclusive gravadas em seus sapatos. Além disso, ele era adepto da maquiagem, sendo citado constantemente o seu comportamento afeminado. Dião Cássio menciona, nos seus textos, sobre sua tentativa de fazer uma intervenção cirúrgica, buscando construir o órgão genital feminino, e, por vezes, Heliogabalus foi comparado aos sacerdotes eunucos de Cibele, os *Galli*.

Em sua vida curta, chegou a ter cinco esposas, sendo uma delas Julia Aquilia Severa, que causou um escândalo na sociedade por se tratar de uma das virgens sagradas que desempenhavam a função de sacerdotisa na Casa das Vestais. Esta casa, localizada atrás do templo de Vesta, próximo ao Monte Palatino, era residência das Virgens Vestais escolhidas para ser sacerdotisas e cultuar a deusa romana Vesta. Durante o sacerdócio, seu compromisso celibatário por um período de 30 anos era o símbolo da pureza, que, se fosse rompido, significaria uma ofensa aos deuses e castigo ao povo romano. Porém, após solicitar perdão ao Senado por sua avassaladora paixão, afirmando que um casamento de um sacerdote e uma sacerdotisa era adequado e sancionado, pouco tempo depois se divorciou para se casar com sua terceira esposa. Vale ressaltar que, tratando-se da sociedade romana desse período, as mulheres eram dependentes de seus pais e maridos, porém as sacerdotisas não se submetiam à tutela e gozavam de reconhecimento como mulheres emancipadas, colocando-as numa situação altamente privilegiada, no que diz respeito a diversos aspectos da vida privada.

Dessa forma, além de colecionar antagonistas por diversos aspectos aqui já mencionados, Heliogabalus estava constantemente envolvido em rituais de orgias na sua residência, aos quais convidava amigos, parentes, escravos, incluindo algumas vezes convites a integrantes do Senado. Alguns autores de trabalhos recentes questionam a visão dos historiadores da época, uma vez que rituais como os dos sacerdotes da deusa Cibele foram celebrados por um tempo na antiga Roma e não tiveram tamanha repercussão negativa. Talvez esse olhar pejorativo tenha nascido pela afronta aos modelos político-culturais das elites, ou talvez pela luxúria desenfreada, ou, ainda, pela efeminação excessiva, pois eles esperavam do imperador um comportamento masculino e viril. O fato é que Heliogabalus desagradou muitos setores do Império, e certamente isso não perduraria por muito tempo.

O Fim de Heliogabalus e sua Pedra Sagrada

O fim do seu curto mandato deu-se no dia 13 de março de 222 d.C., quando soldados da Guarda Pretoriana[53] mataram Heliogabalus, com seus 18 anos de idade, e sua mãe Julia Soemia. Ele foi esfaqueado até a morte, sendo os corpos decapitados e jogados no rio Tibre, o mesmo que séculos antes havia sido o caminho de chegada da deusa Cibele a Roma. Como tudo indica, o golpe foi arquitetado pela própria avó que o tornou imperador. Ela havia sugerido que Heliogabalus adotasse seu primo de 12 anos, Alexandre, que rapidamente ganhou o apoio do Império e o sucedeu, tornando-se o último imperador da dinastia dos Severos.

Quanto à pedra negra de Emesa, os romanos eram um povo muito supersticioso para destruir uma peça sagrada. Por essa razão, a pedra de Elagabalus foi rapidamente enviada para Síria e reinstalada no seu templo em Emesa. Acredita-se que, tempos depois, ela foi destruída em pedaços durante o domínio do Império romano, como parte da perseguição cristã ao paganismo, sendo convertida numa igreja dedicada a João Batista sob o

---

[53] Guarda Pretoriana: guarda responsável pela proteção dos oficiais da legião romana, que, por sua vez, eram unidades do Exército comandadas pelos generais, responsáveis pelas conquistas e expansão do Império romano. A guarda pretoriana atuava não só na defesa cotidiana, mas também na execução de inimigos dos imperadores.

comando de Teodósio I no século IV. Atualmente, a região é ocupada pela Grande Mesquita de Nuri na cidade de Homs, antiga Emesa. O pouco que se sabe sobre a pedra sagrada é de informações nos textos antigos e nas moedas cunhadas, que nos trazem hoje um pedaço da história que era envolto em um possível meteorito vindo dos céus e adorado como um deus Sol.

7
Prambanan:
o meteorito no pamor da Adaga Kris

Saindo do Império romano e indo agora para uma pequena ilha quase que perdida em meio a tantas outras, mas que no coração dela surgiria uma das culturas de forjamento bélico mais incríveis que o mundo veria, a Ilha de Java. Lá se desenvolveu a arte de criar adagas especialmente mágicas, forjadas sob um ritual que lhe conferia beleza e poderes sobrenaturais, recebendo o nome de Adaga Kris. Ao longo da história, ela enriqueceu as inúmeras lendas dos povos indonésios e malaios, tornando-se ainda mais bela e poderosa quando veio o "ferro de relâmpago" dos céus, o meteorito Prambanan. Surpreendentemente, ele foi encontrado próximo ao maior complexo de templos de toda a Indonésia. Mesmo após a invasão dos europeus durante as grandes navegações, o Kris resistiu e hoje se tornou um dos maiores patrimônios culturais do mundo. Assim, essa é mais uma história fascinante para viajar no Histórias de Meteorito ou Meteoritos na História?:

Fonte: freepik.com

Uma Ilha na Indonésia

Entre os Oceanos Índico e Pacífico, situado entre os continentes da Austrália e o Sudoeste Asiático, encontra-se o Arquipélago Malaio, considerado o maior do mundo com suas mais de 20 mil ilhas. Essa pequena e intrigante região é composta pela maior parte da Papua-Nova Guiné, Singapura, Filipinas, Brunei, Timor-Leste, assim como Malásia e Indonésia. Esta última compreende mais de 17 mil ilhas, possuindo mais de 275 milhões de habitantes distribuídos em diferentes grupos étnicos, linguísticos e religiosos. Culturalmente dominados pelos Reinos hindus (*Majapait*) e budistas (*Serivijaia*), entre os séculos VII e XIV, viram seus territórios sendo dominados à medida que chegavam europeus e árabes, trazendo com eles as crenças cristã e islâmica. De algum modo, o islamismo se misturou a influências culturais e religiosas da região, que moldaram a forma predominante do islamismo na Indonésia, tornando-a hoje a maior população muçulmana do mundo. Dessa maneira, esses pequenos pedaços de terra nas águas do Hemisfério Sul oriental são capazes de concentrar uma enorme mistura cultural, coexistindo assim o islamismo, cristianismo, hinduísmo e budismo.

Essa invasão cultural é justificada pelos importantes recursos naturais presentes na Indonésia, especialmente petróleo, gás, madeira e minérios. Aliado a isso, as Ilhas Molucas do arquipélago ficaram conhecidas como as Ilhas das Especiarias na época da expansão europeia, por meio do comércio estabelecido entre a Rota do Oriente, via Península Arábica, Constantinopla até Veneza, controlada pelos muçulmanos. Até que se iniciou o período das Grandes Navegações, buscando justamente por outras vias comerciais, chegando, primeiramente, os portugueses e estabelecendo uma nova rota marítima para os europeus às ilhas indonésias no século XVI.

Situada entre as ilhas de Sumatra e Bali na cadeia de montanhas vulcânicas, uma em especial é a sincrética ilha de Java. Ela foi o centro dos poderosos Impérios hindus e budistas, além dos sultanatos muçulmanos. Dentre as diversas teorias sobre a origem do seu nome, acredita-se ser abreviado do sânscrito *yavadvipa,* Ilha da Cevada, uma planta pela qual Java era famosa. Contudo, em sua cultura, as três línguas principais são o javanês, o sundanês e o madurês, sendo a primeira a língua materna e a mais falada pelo seu povo.

Imagem 14 – Mapa da Ilha de Java com as principais regiões de Java Central, além do seu maior complexo de templos, o Prambanan.

Fonte: Adaptado do Google Earth

Esse é o local do Homem de Java, um dos primeiros fósseis do *Homo erectus*[54] a ser descoberto em 1892, pelo antropólogo holandês Eugène Dubois (1858-1940), nas margens do rio Solo em Surakarta. Também foi o palco principal nas batalhas contra o poder colonial das *Índias Orientais Holandesas,* instalado desde o século XVII. Nesse cenário, rebeliões garantiram a independência e a proclamação da República da Indonésia no final da 2ª Guerra Mundial, em 1945, com o reconhecimento oficial pela Holanda apenas em 1949. Assim, entre as atribuições de ter se tornado a principal ilha da Indonésia com sua capital Jacarta, ser a 13ª maior ilha em termos de área e a mais populosa do mundo, concentrando cerca de 60% do povo indonésio, lá se acredita ter nascido a tradição de confeccionar um dos mais belos artefatos bélicos e ritualísticos do mundo, a Adaga *Kris*.

Nasce uma Adaga em Java

Nas antigas terras de Java, um *empu* era um ferreiro altamente respeitado com habilidades técnicas especiais para forjar o ferro, além de seus conhecimentos em literatura, história e ocultismo. Eles se dife-

---

[54] *Homo erectus*: espécie evolutiva dos primeiros hominídeos, andava com postura ereta e passos semelhantes ao do homem moderno. Possuía um crânio menor do que o *Homo sapiens*, mas usava ferramentas de pedra, como também o fogo para se defender, se aquecer e cozinhar a caça. Estima-se que tenha se originado na África há cerca de 2 milhões de anos, emigrando do continente no início do Pleistoceno. Há também um exemplar encontrado na China, durante a década de 1920, conhecido como "Homem de Pequim".

renciavam dos mestres *pandai besi* (ferro-hábil), que produziam artefatos agrícolas e de defesa comuns a partir de metais. Isso porque, aos *empus*, era atribuída uma ligação com o sobrenatural, cuja conexão com o mundo espiritual era essencial para garantir um poder mágico às suas adagas. A crença, inclusive, era que os melhores *empus* podiam entrar em transe ao soldar, dando-lhes a capacidade de manusear o metal quente com as próprias mãos. Dessa maneira, eles possuíam um título honrado para confeccionar a valiosa adaga dos povos indonésios, chamada de *Adaga Kris* ou *Keris*, que, em termos de definição etimológica, *Kris* deriva do verbo javanês "fatiar".

Peculiar à Indonésia – porém se deve incluir a Malásia, bem como o próprio arquipélago –, a verdade é que não existe um consenso universal sobre a história da primeira *Kris*, existindo muitas teorias sobre a sua origem. Dentre elas, entrelaçam-se histórias de origem divina ou indiana, devido à forte influência hindu, baseadas em manuscritos algumas vezes não confiáveis. Algumas dessas lendas, segundo Frey (2003), sugerem que os primeiros *Krises* foram fabricados entre os anos 152 e 210 do calendário javanês (88 d.C.-230 d.C.). Há também historiadores que sugerem sua origem baseados nas figuras esculpidas nas paredes de pedra dos *candis*[55], chamadas de baixos-relevos. Essas figuras, além de servir de elementos decorativos, carregam também significados simbólicos e narrativos. Um dos *candis* na Indonésia, o templo budista *Mahayana Borobudur* na Java Central, é uma enorme pirâmide escalonada de oito níveis, concluída no século IX, cujas paredes dos quatro níveis inferiores contêm mais de 800 metros de entalhes de pedra em baixo-relevo, contando partes da vida de Buda, muitos dos quais possuem representações de diversos tipos de armas, como descreve Frey. Desse modo, alguns interpretam tais cenas como algum tipo de registro das primeiras adagas *Kris*, no entanto, essa conclusão não é totalmente aceita.

Outra teoria é que ela se originou na região Central da ilha de Java, num período próximo ao século XIV, desde os primórdios hindus da antiga *Majapahit*. Tal suposição vem das observações de Thomas Stamford Raffles (1781-1826), um administrador britânico das Índias Orientais, que ficou famoso por fundar a cidade de Singapura em 1819, sendo a ele creditada a criação do Império britânico no Extremo Oriente. Isso porque, anteriormente às suas conquistas, Raffles sempre foi um

---

[55] Candis: templos hindus e budistas construídos entre os séculos IV e XV, na Indonésia, usados para cerimônias e rituais religiosos, assim como para guardar cinzas de reis e sacerdotes budistas e hindus.

estudioso e entusiasta nato do conhecimento, o que não seria diferente em sua nova expedição, aprendendo assim a língua, história e cultura dos povos malaios espalhados pelas ilhas do arquipélago. Isso lhe rendeu a nomeação de vice-governador de Java (1811-1815), quando o Reino Unido ocupou a ilha na tentativa de enfraquecer as forças dominantes franco-holandesas, no período em que Napoleão Bonaparte[56] usava Java para atingir os navios lentos e madeireiros da Grã-Bretanha. Foi nessa época que, ao visitar o Templo de Sukuh (*Candi Sukuh*), Raffles, com a ajuda de outros estudiosos, interpretou alguns de seus baixos-relevos esculpidos. Assim, um tríptico[57], em especial nas paredes de Sukuh, foi interpretado como a representação da fabricação do que certamente deviam ser lâminas *Kris*, ficando, então, conhecido como *A Cena da Forja Candi Sukuh*.

Imagem 15 – Diferentes tipos de adagas *Kris*

Fonte: commons.wikimedia.org (2007)

---

[56] Napoleão Bonaparte (1769-1821): considerado um dos maiores comandantes da história, foi um estadista e líder militar francês que ganhou destaque durante a Revolução Francesa, até que se tornou imperador dos franceses, como Napoleão I, de 1804 a 1814. Liderou a França contra uma série de coalizões nas chamadas guerras napoleônicas, vencendo a maioria desses conflitos, construindo um grande Império que governava boa parte da Europa continental, antes de seu colapso final em 1815.

[57] Tríptico: obra de pintura, desenho ou escultura, composta de três painéis: um central e fixo, e os outros dois laterais, podendo as partes laterais se dobrarem sobre a parte central.

Imagem 16 – Tríptico com *A Cena da Forja Candi Sukuh*.

Fonte: Michael Gunther, acervo do commons.wikimedia.org (2008)

Em seu estudo, também estabeleceu uma data de 1361 d.C. para a construção do referido templo, tornando-se uma das evidências mais concretas da origem da adaga dos malaios e indonésios. Frey (2003) descreve os três painéis do templo de acordo com o trabalho de Raffles, em 1817, como no trecho que segue:

> O painel esquerdo mostra claramente o forjamento das lâminas *Kris* por um deus empu, enquanto o painel direito mostra outra figura operando um par de foles cilíndricos do tipo bem conhecido pelos ferreiros malaios. A figura da esquerda foi identificada como Bima, um deus hindu menor. Bima era irmão de Arjuna, que era aliado e cunhado de Krishna. Ambos eram guerreiros e armeiros, sendo Bima quem tinha maior força física e caráter mais forte. Sem dúvida a figura que opera o fole é Arjuna. O painel central é uma representação de Ganesa, o deus elefante e o deus dos bons começos que garantem sucesso aos dignos. Nessas ocasiões, as oferendas são feitas adequadamente a Ganesa; assim, artesãos e ferreiros oferecem suas ferramentas para bênção. Por sua vez Ganesa parece estar fornecendo um animal para sacrifício - uma prática que é predominante na Índia hoje (FREY, 2003, p. 3).

Dessa forma, as observações, assim como as conclusões de Raffles, parecem ter se alinhado aos estudos de Frankel (1963), que, de certa forma, corroborou com o mesmo período para as primeiras evidências do surgimento das adagas *Kris*. Segundo Frankel, a referência mais antiga que pode ser considerada para descrever um *pamor* explicitamente está no livro chamado *Ying-Yai Sheng-Lan*, de 1416, menos de um século de diferença à data de Raffes. Esse livro, escrito por Ma Huan (1380-1460), é um relato sobre os países visitados durante as expedições chinesas lideradas por Zheng He (1371-1433) durante a dinastia Ming[58]. Um dos locais visitados pelos chineses foi *Majapahit*, onde Ma Huan fez a seguinte descrição:

> O rei ... carrega um ou dois punhais curtos chamados pu-lak ... Os homens têm um pu-lak preso em sua cintura, todos carregando tal arma desde a criança de três anos até o homem mais velho; as adagas têm listras muito finas e flores esbranquiçadas e são feitas do melhor aço, o cabo é de ouro, chifre de rinoceronte ou marfim, cortado na forma de rostos humanos ou de demônios e acabado com muito cuidado... (FRANKEL, 1963, p. 15).

Baseado em tal relato, um período plausível para o início da ocorrência do *pamor* pode ter sido entre os séculos XIV d.C. e XV d.C., considerando um intervalo de tempo entre o começo de sua confecção e a ocorrência de um evento que foi digno de descrição, em que uma adaga fora alvo de atenção. Essa suposição também está embasada em relatos anteriores de chineses no final do século XIII, transcritos por Frankel (1963), que mencionava os presentes enviados ao imperador da Dinastia Sung (960-1279) pelo rei de Java. Nesses relatos, não são mencionadas descrições específicas sobre um padrão de lâmina que certamente causaria surpresa pela sua peculiaridade, sobre o que Frankel concluiu que, embora o *Kris* pudesse existir antes disso, não havia nada sobre as lâminas para atrair a atenção.

Assim, como pôde ser visto, determinar precisamente o local, ano e todo o contexto ao qual os primeiros *krises* foram criados ainda é um desafio para os historiadores e pesquisadores, no que parece ainda estar longe de um final. Todavia, independentemente do mistério acerca de sua criação,

---

[58] Dinastia Ming (1368-1644): período imperial na China que começou sob a liderança de Tchu Yuan-Tchang, que expulsou os mongóis e se tornou imperador com o nome de Hong-Wu, fundando a dinastia Ming. Ele construiu uma vasta Marinha e um grande Exército, sendo também responsável por reconciliar toda a tradição chinesa. A Grande Muralha da China, construída inicialmente contra invasores entre 220 e 206 a.C., foi concluída durante a Dinastia Ming.

as adagas *Kris* são especiais não só pela beleza com seus ricos detalhes, mas também por todo o ritual de forjamento, seu contexto místico e pelo poder que carrega em sua representação.

A Adaga *Kris*

Com sua lâmina sinuosa singular feita pelos *empus* a partir de diferentes minérios de ferro, os *Krises* se assemelham em termos de cultura e arte às espadas persas com o aço damasco[59], ou até mesmo às catanas dos samurais do arquipélago nipônico[60]. Também existem adagas *kris* de lâmina reta, contudo, suas ondas constituem sua forma mais clássica, possuindo tradicionalmente um número ímpar de ondulações, os chamados *luks*. Estes, por sua vez, podem variar de três a 29 em lâminas com tamanhos de 15 até 30 centímetros, no que se acredita o maior número de ondas representar o status mais elevado do seu dono, assim como seu maior poder espiritual.

Tal artefato místico é dividido em três componentes principais, sendo eles o punho (*hulu ou deder*), a bainha (*warangka*) e a lâmina (*bilah* ou *wilah*). Cada parte do *kris* é uma verdadeira obra de arte, esculpida meticulosamente a partir de diferentes matérias-primas, como o ferro, a madeira, o ouro ou o marfim, por exemplo. Como resultado, cada adaga adquire seu valor estético singular, que abrange o *dhapur* (a forma e o design da lâmina, com cerca de 60 variantes), o *pamor* (o padrão de decoração da liga metálica na lâmina, com cerca de 250 variantes) e o *tangguh* (a idade e a proveniência de todo o conjunto).

Assim, a bainha na maioria das adagas *kris* é feita de madeira, possuindo em menor quantidade exemplares de marfim, ou até mesmo ouro. O punho também é um detalhe a ser trabalhado no processo de design e forjamento das adagas javanesas. Em geral, eles sãos cabos de madeira ergonômicos que provavelmente foram confeccionados com propósito bélico, sendo usados em combates. Alguns exemplares, no entanto, possuem um punho de bronze ou marfim bem decorado com pedras preciosas, em que se acredita ter sido usado com propósitos ritualismos em cerimônias ou como talis-

---

[59] Aço Damasco: famoso por seus padrões distintos de faixas e manchas que lembram o fluxo de água, foi utilizado em lâminas de armas. É caracterizado por uma dureza excepcional e por uma aparência regada e estriada causada pelos diferentes níveis de carbono misturados ao ferro forjado. Esse processo envolvia o material ser dobrado, soldado, redobrado e ressoldado até que as várias camadas de aço entrelaçavam-se, resultando no padrão visual conhecido como aço damasco, em referência à capital da Síria e a uma das maiores cidades do antigo Levante, a cidade de Damasco.

[60] Arquipélago Nipônico: como também é conhecido o arquipélago japonês, composto por muitas centenas de ilhas, sendo as quatro principais: Honshu, Shikoku, Kyushu e Hokkaido.

mãs. A lâmina, a "alma" da adaga *Kris*, é a parte mais preciosa de diferentes formas, desde sua confecção, beleza e crença de seus poderes sobrenaturais. Sua produção envolve geralmente um processo meticuloso, com um toque quase que ritualístico em algumas adagas especiais, tendo como finalidade adquirir um dos mais de 60 padrões *pamor*, em que cada um possui significados e nomes específicos que indicam suas propriedades míticas e o poder que transmitem. Um exemplo é o *pamor beras wutah*, que se acredita atrair sorte, riqueza, bênção e prosperidade ao seu dono.

Para então obter o valioso *pamor* decorativo das lâminas, analogamente encontradas no aço damasco, os *empus* utilizavam uma distinta forma de forjamento. Sua técnica, entre outras singularidades, incluía aquecer, misturar, bater e posteriormente dobrar, enquanto quentes, dezenas ou centenas de vezes os metais originais que serviam de matéria-prima, sendo manuseados com a máxima precisão. Dependendo da importância dada ao *kris*, esse processo poderia prolongar-se por semanas e até anos de forjamento da lâmina.

O p*amor*, sendo uma palavra de origem javanesa que significa mistura, é então um padrão obtido a partir de laminações alternadas de diferentes fontes de ferro, de preferência os que possuem teores do elemento níquel. Tal utilização talvez tenha sido possível desde o início de sua fabricação, pelo fato de a Indonésia ser uma das maiores reservas de níquel[61] do mundo. Com isso, muito provavelmente, a matéria-prima das primeiras adagas tenha vindo da Ilha indonésia de Sulawesi, também chamada de Celebes. Estudo arqueológicos recentes, incluindo um dos artefatos de ferro mais antigos da Indonésia encontrados no Lago Matano[62], mostraram que tal região localizada no Sul da ilha era bem conhecida no passado por seus produtos de ferro e níquel de alta qualidade, onde existia o Reino de Luwu. Como cita Triwurjani *et al.* (2023), o manuscrito *Nagarakrtagama* afirma que o Reino budista *Majapahit* importou metal dessa área para ser usado como

---

[61] Reservas de Níquel: no mundo, já foram identificadas reservas de minério de níquel em, aproximadamente, 20 países espalhados por todos os continentes, resultando em um teor global médio acima de 1%. Cuba detém o primeiro lugar no que se refere às reservas mundiais de níquel, com 17,6% do total, seguida por Nova Caledônia, com 12%, do Canadá, com 11%, e da Indonésia, com 10%. O Brasil, com 4,5%, se encontra em 10º lugar no contexto mundial. Uma curiosidade é que o meteorito brasileiro Santa Catharina, descoberto em 1875, teve a maior parte de sua massa vendida como uma mina de níquel para a Inglaterra até se descobrir que seu metal era de origem meteorítica. Tal trabalho de pesquisa está documentado na dissertação de mestrado de Iara Ornellas e pode ser acessado na nossa página www.aimeteorites.com (QR Code disponível no final do livro).

[62] Lago Matano: um dos lagos mais profundos do mundo, ele está localizado na Região Sul da Ilha de Sulawesi. Até hoje essa é uma área estratégica nacional como fonte de ferro e níquel, que atualmente está sendo administrada pela multinacional brasileira Vale Indonesia Incorporated Company.

armas, provavelmente gerando o que ficou conhecido como o *pamor Luwu*. Contudo, esses primeiros *Krises* possuíam um padrão *pamor* relativamente fraco, pois eram feitos a partir de minérios de ferro com baixo teor de níquel, comparado a uma matéria-prima mais especial que viria de fora da Terra tempos depois, trazendo com ele muito ferro e níquel para os *empus*.

Um Metal Especial para o *Kris*

Passados alguns séculos do suposto período em que surgiram os primeiros padrões *pamor*, em algum momento do século XVIII, uma nova fonte de ferro e níquel foi descoberta nas proximidades do *Candi Prambanan*[63], o maior complexo de templos hindus da Indonésia. Logo, não tardaria para que *empus* ligados às cortes de Yogyakarta e Surakarta, dois importantes territórios da Java Central, passassem a utilizar essa rica "mina" para confeccionar suas adagas. Quando necessário, talvez por propósitos bélicos, também a usavam para confecção de armas e ferramentas de alta qualidade. Essa nova fonte viria a ser chamada, séculos depois, de Meteorito Prambanan. Não existem evidências concretas se o povo indonésio tinha conhecimento da origem espacial dessa "pedra". No entanto, um ferreiro indiano de Jalandhar, onde caíra um meteorito de mesma natureza metálica em 1621, afirmava que uma lâmina só poderia ser forjada se uma parte do ferro terrestre fosse misturada com três partes do "ferro relâmpago", como menciona Burke (1986). Por essa razão, imagina-se que os javaneses, de alguma forma, sabiam que sua nova fonte de metais tinha uma origem um tanto especial.

Nesse período da história, o contexto político de Java era que a região onde o meteorito fora encontrado estava sendo regida por um Reinado muçulmano, porém vassalo dos holandeses. Primeiramente, ela fazia parte do Reino Mataram, que floresceu na Java Central entre os séculos VIII e X, praticando tanto o hinduísmo quanto o budismo, mas se tornou o maior Reino muçulmano a partir de 1613, com o "Grande Sultão" Agung (1593-1645). Agung se tornou um importante líder, tanto por expandir os territórios de Mataram, quanto por unificar Java, promover reformas, assim como lutar contra os holandeses que chegaram à Indonésia no início do século XV e lá fundaram a Companhia Holandesa das Índias Orientais

---

[63] Candi Prambanan: conjunto de templos hindus do século IX, na Java Central, dedicado também à trimurti, expressão em sânscrito que significa tripla divindade suprema, como o criador (Brahma), o sustentador (Vishnu) e o destruidor (Shiva). Ele é Patrimônio da Humanidade da Unesco, sendo o maior templo hindu da Indonésia, localizado a, aproximadamente, 18 quilômetros da cidade de Yogyakarta e 43 quilômetros de Surakarta.

(1602-1799). Com isso, Surakarta passou a ser um território vassalo dos holandeses, que, por sua vez, mudou o nome da cidade para Sala e a declarou como a nova capital do sultanato Mataram, em 1745.

Assim, sob o Reinado do sunan[64] sultão Pakubuwono III (1732-1788), um primeiro fragmento menor chegou ao palácio (*keraton*) de Surakarta, em 1784, onde os *empus* reais passaram a forjar algumas armas que acreditavam possuir propriedades mágicas, talvez devido ao conhecimento da origem celestial do ferro utilizado. Seu sucessor, Pakubuwono IV (1768-1820), anos depois, ordenou que o fragmento maior dessa importante pedra fosse escavado e transportado para o seu palácio, no ano de 1797. Assim, o metal espacial dos javaneses, a partir de então, ficou preservado no *Keraton Surakarta*, porém os *empus* continuaram usando pequenos pedaços para produzir padrões de *pamor* nas adagas *Kris*, que, por sua vez, recebeu o título de *pamor Kanjeng Kyai*.

Dessa maneira, os *empus* passaram a utilizar o ferro meteorítico como uma nova fonte de ferro e níquel, além dos outros minérios em suas misturas. Ao final de todas as etapas de forjamento, as lâminas também passaram a ser tratadas com substâncias ácidas em sua superfície, porque a pequena porcentagem de níquel presente no ferro cria padrões prateados distintos, que se iluminam fracamente contra o fundo escuro de ferro que se escurece pelo efeito dos ácidos. Esse processo, inclusive, é utilizado para revelar os padrões de Widmanstätten (ver Apêndice 1) presentes na maioria dos meteoritos metálicos, auxiliando no processo de classificação desses corpos. Hoje, sabemos que o meteorito Prambanan é composto pelas fases metálicas kamacita e taenita, classificado como um octaedrito fino com teor de níquel de 9,4%, capaz de proporcionar os mais fantásticos padrões *pamor* nas preciosas adagas *Kris*.

O Poder do *Kris*

Usadas geralmente em rituais e cerimônias especiais, incluindo as de origens míticas, tanto homens quanto mulheres possuíam um *Kris*, sendo transmitidos, inclusive, como herança entre sucessivas gerações. A essas adagas, fora atribuído um elevado valor mitológico e espiritual herdado da cultura hinduísta e budista fortemente presente nas ilhas indonésias. Seu valor está intimamente ligado à crença de existir poderes mágicos em

---

[64] Sunan: versão abreviada de Susuhunan. É um título usado pelos monarcas de Mataram e depois pelos governantes hereditários de Surakarta.

suas lâminas devido aos rituais de forjamento, assim como no material que as originou, transformando o que era antes uma simples arma em objeto ritualístico e carregado como um talismã. A crença também incluía a presença de espíritos guardiões que cuidavam da segurança de seus donos. Alguns textos sobre as adagas antigas afirmam que um homem malaio ou indonésio sem um *Kris* era desprezado por ser considerado um objeto, que, além de tudo, conferia status social a quem possuísse.

Desse modo, tais adagas enriqueceram o acervo lendário do arquipélago malaio com seu "poder sobrenatural" e sua habilidade extraordinária, mencionados nos contos populares. No entanto, além da boa sorte, também foi, algumas vezes, atribuído ao *Kris* uma essência ou presença ruim. Na tradição supersticiosa dos povos sul-asiáticos, a forma de magia presente nas adagas *Kris* era chamada de *tuju,* e entre as inúmeras lendas, aqui estão algumas retiradas do livro de Frey (2003).

Como exemplo da infinidade de lendas e tipos de *Kris*, uma das formas que se acreditava aumentar o poder das adagas era colocar a lâmina em contato com as vísceras de uma cobra ou um escorpião, por exemplo, para assim tornar a arma mais mortal. Contam-se também histórias de *krises* com o poder de desviar e redirecionar chamas, porém apenas com o fogo que não fosse aceso apenas para testar o *Kris*. Outros contos malaios diziam que o *Keris majapahit* tinha identidade sexual, sendo o de lâmina grande um homem, e o pequeno, uma mulher. O *Keris bertuah* era especialmente poderoso, sendo que um homem poderia ser morto esfaqueando apenas suas pegadas, e o *Keris pusaka* deixava sua bainha todas as noites para procurar uma vítima e tirar seu sangue. Sobre fazer um *bersumpah* (juramento), o termo *besi kawi* (ferro antigo) era usado para amaldiçoar quem não cumprisse com o que prometera, dizendo no ritual essencialmente: "*Que você seja atingido pelo veneno de kawi*".

Embora as adagas confeccionadas no arquipélago malaio-indonésio tenham tido todos esses propósitos aqui mencionados, elas também foram feitas numa época em que tais armas ainda eram importantes para o combate real. Levando isso em consideração, acredita-se que as adagas mais simples que possuíam menos ornamentação, inclusive no seu punho, eram destinadas para essa finalidade. Assim, uma das aplicações dos *krises* era na arte marcial *pencak silat* de combate e sobrevivência, nativa da Indonésia. Porém, o *Silat* possui diversas variações em todo o Sudeste Asiático, sendo praticado até hoje na Indonésia, Malásia, Tailândia e nas Filipinas, além do mundo ocidental.

Adaga *Kris* no Brasil e no Mundo

Embora o seu local e ano de origem ainda pareçam ser um assunto sem consenso e resolução para os tempos atuais, aguardando novas descobertas arqueológicas, as adagas *Kris* ainda fazem parte do imaginário e de cerimônias na Malásia e na Indonésia. Um exemplo são casais que incluem esse artefato especial nas cerimônias de casamento, compondo o traje do noivo como presente do pai da noiva. Além disso, elas são parte de apresentações teatrais de *wayang* (drama), nas quais são reencenadas histórias dos grandes poemas épicos hindus, o *Ramayana* e o *Mahabharata*, incluindo as danças balinesas e javanesas com o místico *Kris*.

Contudo, nos últimos tempos, houve uma diminuição considerável do seu uso para proteção pessoal, talvez pela invasão ocidental no arquipélago malaio, que passou a influenciar e mudar as regras da sociedade nativa. Um dos únicos europeus que tentaram preservar sua cultura foi um médico holandês, ainda da época de dominação da Holanda, que ficou conhecido pelas suas publicações sobre a cultura javanesa, assim como tudo o que envolvia as *Krises*. Assim, Isaäc Groneman (1832-1912) foi um dos primeiros estrangeiros a forjar uma adaga junto com um *empu*, de forma a garantir o registro do seu processo de produção como uma forma de proteção a uma cultura que ele considerava estar desaparecendo rapidamente devido à influência dos tempos modernos.

No entanto, as *Krises* resistiram ao tempo e às influências externas, sendo, ao lado de espadas como as catanas japonesas e as de aço damasco da Síria, um dos artefatos bélicos mais difundidos em termos de popularidade no mundo. Por essa razão, como uma forma de preservar sua história, atualmente, o *Kris* é promovido pelo governo indonésio como um símbolo cultural do país. Além disso, no ano de 2005, a Unesco deu ao *Kris* o título de Obra-Prima do Patrimônio Oral e Imaterial da Humanidade da Indonésia. Com isso, pode-se notar como as adagas *krís* se tornaram um objeto de importância mundial com centenas a milhares de exemplares espalhados pelo mundo.

No Brasil, por exemplo, temos duas adagas *Kris* que foram adquiridas pela autora Elizabeth Zucolotto por meio de *e-commerce,* em 2009, tendo sido ambas objetos de estudo em um recente trabalho de pós-graduação de Felipe Abrahão Monteiro[65] no Museu Nacional/UFRJ. Seu trabalho consis-

---

[65] O trabalho completo de dissertação de Felipe Abraão Monteiro sobre as adagas *Kris* do Museu Nacional do Rio de Janeiro encontra-se disponível em nosso site: www.aimeteorites.com (QR Code disponível no final do livro).

tiu basicamente em verificar se existia um componente meteorítico como matéria-prima para a confecção das adagas, para que assim as duas peças pudessem receber seu número de tombo na coleção do Setor de Meteorítica.

Assim, ambas as adagas estudadas por Monteiro apresentam tanto o cabo quanto a bainha fabricados em madeira; entretanto, a de lâmina sinuosa possui adornos mais bem trabalhados. Em análises prévias, com ataques ácidos e microscopia ótica, não foi possível identificar os padrões de Widmanstätten encontrados em meteoritos em nenhum dos artefatos, contudo ambos foram forjados em elevadas temperaturas, que, por sua vez, destrói tais estruturas de cristalização. Todavia, as análises preliminares pela técnica de microscopia eletrônica descartaram o *Kris* de *lâmina* reta como sendo fabricado a partir de ferro meteorítico, devido à ausência de concentrações significativas de níquel nas análises realizadas. Em contrapartida, a adaga de lâmina sinuosa apontou, aproximadamente, 26% de Ni em uma fase, outra entre 6% e 12%, além de uma terceira apenas contendo Fe por meio da análise de EPMA/EDS-WDS realizada pela autora Amanda Tosi no Instituto de Geociências da UFRJ. Tais concentrações de Ni nas duas primeiras fases possuem uma correlação positiva com as encontradas nas fases taenita e kamacita de meteoritos, respectivamente.

Outro detalhe relevante para constatar a origem de ferro espacial é a presença do elemento cobalto (Co) em pequenas quantidades na liga FeNi (Co > 0,4%), porém, na lâmina sinuosa, sua porcentagem foi de, aproximadamente, 0,08%. Esse valor abaixo também inviabilizou confirmar a origem meteorítica de um de seus componentes, mas não descartou tal possibilidade. Isso porque, durante o forjamento, é possível ocorrer redução/oxidação de Co, além de haver uma redistribuição dos elementos químicos presentes por todo o material, como explica Monteiro.

De maneira geral, a identificação de uma mistura meteorítica em lâminas *Kris* encontra diversas restrições. Elas vão desde a escolha de métodos analíticos, que precisam ser não destrutivos para preservar a adaga, o tamanho do objeto, que, devido ao seu comprimento, inviabiliza ser analisado de forma direta dentro dos equipamentos, até a dificuldade analítica inerente a qualquer material que possui elementos em baixíssimas quantidades, que precisam ser identificados e quantificados. Além disso, elas passam por tratamento térmico que muda suas condições de formação originais. Como conclusão, a princípio, não foi constatada com total clareza a procedência meteorítica da composição do *Kris* de lâmina sinuosa. No entanto, as evidências encontradas induzem a acreditar que, de fato, ela foi forjada a partir de um meteorito, tornando-a obviamente mais especial para nós.

Assim, após ela ser resgatada e restaurada depois do incêndio no Museu Nacional em 2018, o nosso *Kris* pode ser visto na exposição *Do Gênese ao Apocalipse*, que se encontra atualmente no Planetário do Rio, aguardando a reabertura do museu para, enfim, poder voltar à sua nova casa. Quanto ao meteorito Prambanan, que deu origem a toda a nossa história aqui contada, hoje ele é considerado como objeto sagrado. Ninguém mais pode tocá-lo, ficando reservado a um pequeno espaço elevado em um jardim do Palácio de Surakarta, onde lhe são feitas oferendas de frutas e flores, guardando com ele um pedaço especial da *História de Meteorito ou Meteoritos na História*.

Imagem 17 – Adaga *kris* de lâmina sinuosa, com seu padrão *pamor*, e sua bainha de madeira

Fonte: Monteiro (2018, p. 45)

8
O Meteorito Cape York e a sobrevivência do povo Inuíte na Groenlândia

Era o final da Era do Gelo, quando os humanos atravessaram pela primeira vez a passagem da Ásia para as Américas. Assim, nasciam os povos ameríndios do Novo Mundo, formando tribos, que só sobreviveriam se possuíssem a habilidade de adaptação. Os que permaneceram no gelo ártico viveram sob um frio intenso e desenvolveram a cultura inuíte, que conhecemos como esquimó. Eles chegaram até a Groenlândia, onde uma pequena comunidade povoou a Baía de Melville, totalmente isolados do resto do mundo. Mas como sobreviveram? Utilizando o ferro encontrado para produzir ferramentas. Eles mantiveram em segredo sua Montanha de Ferro, o meteorito Cape York, por quase 1 mil anos... até que chegaram os europeus, e nada mais foi igual. Para saber toda essa história, embarque em mais uma Histórias de Meteorito ou Meteoritos na História?.

Fonte: commons.wikimedia.org

O Êxodo

Era o final da última Era Glacial, que ocorreu no Pleistoceno[66], ou mais conhecida como a Era do Gelo, entre 2,6 milhões e 11,7 mil anos atrás. Nesse período, as calotas polares cresceram, e o nível do mar caiu cerca de 100 metros, promovendo mudanças na fauna e flora em todo o mundo. No final dessa Era Glacial, surgia, no continente africano, o *Homo sapiens*[67], do qual descendem os homens modernos, que, por razões de adaptação, evoluíram e se espalharam por diferentes regiões da Terra, dando origem às tribos, etnias e civilizações. Milhares de anos passaram-se, até que os humanos que chegaram nas regiões extremas da Ásia Oriental tornaram-se os promotores de uma mudança demográfica, e o mundo nunca mais seria o mesmo.

Muito provavelmente, perseguindo animais e indo em busca de melhores condições de sobrevivência, parte desses humanos encontrou um trecho de terra exposto pelo nível do mar ainda baixo, que conectava as regiões do Nordeste da Ásia (Sibéria) e o extremo Norte da América do Norte (Alasca). Esses seriam os primeiros residentes do Ártico americano, que passaram pelo Estreito de Bering (Beríngia)[68] e deram início aos povos da América. Não existe ainda um consenso sobre em que período que os homens pré-históricos ocuparam o continente americano, tendo pesquisas que indicam datas que variam entre 11 e 50 mil anos atrás.

A Chegada dos Ameríndios

A teoria do Estreito de Bering é a teoria migratória mais aceita para explicar o surgimento dos primeiros humanos nas Américas, sendo que os primeiros grupos a chegar ao continente contavam com semelhanças físicas

---

[66] Pleistoceno: na escala do tempo geológico, o Éon Fanerozóico abrange os últimos 542 milhões de anos, sendo dividido entre as Eras Paleozóica, Mesozoica e Cenozoica, sendo este último dividido em Períodos como o Paleogeno, Neogeno e Quaternário. O Período Quaternário é subdividido na Época do Pleistoceno, que precede a Época do Holoceno, que vivemos nos dias atuais.

[67] *Homo sapiens*: nome científico, que, em latim, significa Homem Sábio, usado para classificar a espécie humana. Acredita-se que ele é descendente de um ancestral em comum entre os grandes primatas de hoje, que viveu entre 8 e 6 milhões de anos atrás na África Oriental e deu origem aos Australopitecos. Os primeiros hominídeos a demostrar habilidades surgiram somente há, aproximadamente, 2 milhões de anos, com o *Homo habilis*, posteriormente, o *Homo erectus* e, na sequência da evolução, surgiram *Homo neanderthalensis* (há ~500 mil anos) e *Homo sapiens* (há ~ 200 mil anos). A migração dos hominídeos pelo planeta começou entre 1,5 milhões e 1 milhão de anos atrás, em direção ao Oriente Médio, à Asia e Europa.

[68] Estreito de Bering: canal marítimo que se estende por 85 quilômetros e separa a Ásia e a América do Norte. É por ele também que passa a Linha Internacional de Data, que funciona como um meridiano oposto ao de Greenwich. O nome é uma homenagem ao navegador dinamarquês Vitus Jonassen Bering, que foi o primeiro a desbravar o local, no ano de 1728.

próximas das populações nômades asiáticas (mongóis)[69]. Assim, essa hipótese foi primeiramente levantada pelo historiador e jesuíta espanhol José de Acosto (1540-1600), que séculos depois foi formulada pelo antropólogo tcheco Alex Hrdlička (1869-1943), no início do século XX. Contudo, essa teoria encontra controvérsias de alguns pesquisadores, que afirmam que o homem americano não é só de origem mongólica, podendo ter origem múltipla, sugerindo, inclusive, diferentes rotas de chegada ao continente americano, como a Polinésia e Oceania. Dessa maneira, não existe ainda um consenso universal sobre a rota, o período e quantas ondas migratórias existiram para originar os primeiros povos ameríndios[70], ou também conhecidos como pré-colombianos[71], em toda a América.

Imagem 18 – Mapa geográfico de parte do Hemisfério Norte, onde se encontra o Estreito de Bering até a Groenlândia

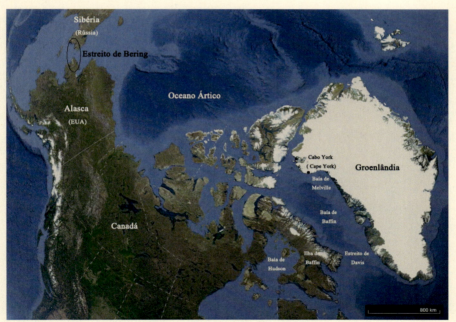

Fonte: adaptado do Google Earth

---

[69] Mongóis: pessoas com características físicas específicas que forma um grupo étnico e habita a Ásia Central.
[70] Povos Ameríndios: são os habitantes da América antes da chegada dos europeus e seus descendentes atuais, em substituição às palavras "índios" ou "indígenas".
[71] Pré-colombianos: povos ameríndios que já se encontravam na América antes da chegada de Cristóvão Colombo, em 1492, durante o período das Grandes Navegações. Exemplos são os incas, astecas, maias, guaranis, tupinambás, tupis, apaches, shawees, navajos, inuítes e muitos outros.

Um dos questionamentos sobre a Teoria de Bering foi levantado devido a uma das descobertas mais incríveis no continente sul-americano, mais precisamente no estado brasileiro de Minas Gerais, em 1975. Durante uma missão arqueológica franco-brasileira, um fóssil de uma mulher que morreu com idade entre 20 e 24 anos foi encontrado e apelidado de Luzia[72]. Porém, esse não seria um achado arqueológico qualquer, pois Luzia é considerada, atualmente, um dos fósseis humanos mais antigos encontrados na América do Sul, com cerca de 11.000 a 11.500 anos. Baseado nessa descoberta revolucionária, ela foi considerada como parte da primeira população humana que entrou no continente americano, levantando a hipótese de períodos distintos e diferentes ondas imigratórias.

O pesquisador brasileiro Walter Neves, em seus diversos trabalhos, formulou teorias sobre o povoamento da América, baseado na análise de detalhes anatômicos de centenas de ossos humanos no Brasil e de outros países da América do Sul. Até então, essas populações possuíam características semelhantes aos povos asiáticos. Contudo, quando teve acesso a crânios mais antigos e a Luzia, não encontrou o mesmo padrão morfológico craniano característico dos povos mongóis de tal região. Assim, segundo Neves, esses traços encontrados nos paleoíndios aproximavam-se das populações do continente africano ou dos aborígines australianos. A partir desses dados, Neves formulou que o continente americano foi inicialmente colonizado por uma população de *Homo sapiens* que se dividiu em dois grupos ao sair da África no final do Pleistoceno, sendo que um foi para a Oceania e outro teria ido para o Leste Asiático. Assim, o povo de Luzia seria descendente de uma leva migratória vinda da Austrália e da Melanésia, há cerca de 14 mil anos, e anos depois teria ocorrido outra onda migratória através da rota da Beríngia.

No entanto, pesquisas a partir de DNA fóssil indicaram a existência de um único grupo populacional ancestral de todas as etnias da América, do qual os primeiros ocupantes humanos se dispersaram rapidamente pelo continente americano e se diversificaram cedo. Tal estudo, que contou com a participação de pesquisadores da Universidade de São Paulo (USP), sugere que todos os ameríndios têm grande similaridade genética com os povos vindos da Sibéria, descendendo de uma única onda migratória que ocorreu no estreito de Bering, há cerca de 20 mil anos.

---

[72] Luzia: apelido dado ao fóssil humano encontrado durante escavações na gruta Lapa Vermelha, localizado no município de São Leopoldo, região de Lagoa Santa, no estado de Minas Gerais, chefiada pela arqueóloga francesa Annette Laming-Emperaire (1917-1977). Por essa razão, o nome científico do fóssil é Lapa Vermelha IV Hominídeo 1, mas apelidada pelo biólogo Walter Alves Neves, do Instituto de Biociências da Universidade de São Paulo, que se inspirou em Lucy, o célebre fóssil de Australopithecus afarensis.

Imagem 19 – À esquerda, a nova reconstrução facial do povo de Luzia, feita por pesquisadores da USP a partir do crânio de um homem sepultado na Lapa do Santo. À direita, a reconstrução de Luzia, com antiga feição africana.

Fonte: Salles (2018)

A partir desses novos dados, o rosto de Luzia, anteriormente desenhado com traços africanos, foi redesenhado. O seu fóssil, assim como seu primeiro modelo, estava entre as 20 milhões de peças do acervo do Museu Nacional/UFRJ atingidos pelo trágico incêndio ocorrido no dia 2 de setembro de 2018. Felizmente, 80% dos fragmentos do fóssil que ajudou a desvendar partes do quebra-cabeça sobre a origem dos ameríndios foram achados dias depois ao incêndio e encontram-se hoje depositados no referido museu.

Os Ameríndios do Ártico

Chamamos de Ártico o continente e o oceano gelado que se localiza no extremo norte do planeta, mais precisamente no Polo Norte. Essa é uma das regiões mais frias da Terra e abrange alguns países como o Alasca (EUA), o Canadá, a Groenlândia, entre outros. Foi por essa região gélida, quase inóspita, que muito provavelmente os primeiros ameríndios chegavam ao Novo Mundo.

Alguns partiram em direção ao sul, buscando talvez por regiões mais quentes, dando origem às diferentes tribos espalhadas por todo o continente americano, chegando, inclusive, ao Brasil, como a nossa Luzia. Outros permaneceram por séculos nas regiões próximas do estreito por onde seus ancestrais vindos da Sibéria passaram. Tiveram ainda os que seguiram em direção ao leste, povoando as regiões do Canadá, chegando até a maior ilha do mundo, a Groenlândia. Para todas essas tribos fora dada a designação de indígenas pelos europeus do período das Grandes Navegações do século XV, achando terem chegado às Índias. Contudo, todos esses ancestrais e seus descendentes tornar-se-iam mais tarde os povos ameríndios do novo continente.

As primeiras tribos da Pré-História, das quais se originaram os ameríndios, viveram no período que ficou conhecido como Paleolítico (~4,4 milhões de anos-8000 a.C), que, em grego ,significa "velha idade da pedra". Isso porque foi uma era em que os homens eram caçadores e coletores, vivendo em comunidades nômades que necessitavam constantemente buscar meios de sobrevivência, procurando, assim, por alimentos e abrigo. Eles utilizavam ferramentas rudimentares construídas a partir de osso e madeira, depois, lascas de pedra e marfim. Também fabricavam instrumentos pontiagudos, e foi nesse período que aprenderam a dominar o fogo.

Os Paleoesquimós e suas Tribos

No novo continente, essas sociedades pré-históricas que se formaram na região do Ártico desenvolveram sua própria tradição cultural paleoártica e ficaram conhecidas como as tribos ancestrais dos Esquimós, que significa "comedor de carne crua". Assim, os paleoesquimós representam todos os povos nômades que habitaram a costa continental Norte canadense, a costa Leste da Groenlândia, o litoral continental do Alasca e a Sibéria, bem como as ilhas do Mar de Bering e o Norte do Canadá, originando os atuais habitantes dessa região. Eles viviam sob temperaturas de até -45 °C, onde, além de todos os desafios inerentes à vida nômade, ainda precisavam superar as adversidades do clima. Por essa razão, algumas dessas sociedades e culturas pré-históricas desapareceram, dando lugar a outras com maior capacidade de adaptação.

Estima-se que, aproximadamente em 11000 a.C., os primeiros povos pré-históricos da América, que primeiramente habitavam a porção de terra firme que contém o Estreito Bering, começaram a se deslocar para outras regiões do Alasca. Isso porque, nesse período, começou a ocorrer o degelo das calotas polares, inundando a ponte terrestre entre a Ásia e América, abrindo o acesso ao restante das terras na América do Norte. Uma das primeiras culturas que se formou fora do Alasca foi a conhecida como

Small Tool. Eram assim chamados por possuírem ferramentas baseadas em microlâminas, levando alguns pesquisadores também a supor que foram tais populações a introduzir o arco e a flecha no Ártico. Essas ferramentas de lâmina e microlâmina foram encontradas em períodos anteriores do lado asiático do Pacífico Norte, principalmente na Sibéria, provavelmente sendo heranças desses ancestrais. Por volta de 2500 a.C. os descendentes do povo *Small Tool* tornaram-se os primeiros ocupantes humanos do Ártico do Canadá, através do seu extenso arquipélago, que provavelmente os conduziu para as terras da Groenlândia.

Gradualmente, nessas regiões do Canadá e da Groenlândia, os povos de *Small Tool* foram dando lugar à civilização que receberia o nome de Cape Dorset em torno de 800 a.C. Na região do Alasca, próxima à Beríngia, a mesma cultura dos *Small Tools* foi substituída tempos depois pela cultura Norton, em, aproximadamente, 500 a.C. Nessa última, as pessoas já produziam cerâmicas, e seus arpões eram grandes o suficiente para caçar baleias ou animais do interior. Quanto aos *Dorset*, eles se espalharam para as regiões da Baía de Hudson, Labrador e Terra Nova, mas essa é uma cultura que deixou poucos vestígios. Acredita-se terem perdido tecnologias como o arco e a flecha, além de não desenvolverem barcos para a caça. Dessa maneira, os povos *Dorset* dependiam de buracos feitos no gelo para caçar, uma vez que focas e pequenas baleias os usavam para respirar. Contudo, quando o período quente chegou, sua cultura não estava adaptada com novas tecnologias, e, por volta de 1500 d.C., eles haviam desaparecido completamente.

Em contrapartida, uma nova civilização surgia por volta de 900 d.C., na região do Alasca, que possivelmente se originou a partir de culturas anteriores, como os Norton. Eles possuíam ferramentas mais sofisticadas e tecnologias que os diferenciavam dos antigos povos. Na caça, usavam trenós com cães em busca de animais terrestres, enquanto ao mar, grandes barcos (*umiaks*) eram utilizados fazendo uso de tripulação com comando de um capitão, demostrando quase que uma organização militar. As baleias eram uma das grandes fontes de alimento, energia e material para caça. Essa era a cultura *Thule*, fortificada ao longo do Estreito de Bering, que provou ser a mais adaptável do Ártico. Posteriormente, suas comunidades se expandiram para o Ártico Oriental, entre 1100 e 1500 d.C., passando pelo Norte do Canadá e chegando à Groenlândia. Dessa maneira, os *Thules* receberam esse nome devido a um sítio arqueológico descoberto na grande ilha, o alcance mais distante de uma sociedade notavelmente mais bem-sucedida. Não existem evidências concretas de que os *Thules* tenham invadido os territórios *Dorset*, pois existe uma diferença significativa em suas culturas e tecnologias. Todavia, eles ocuparam as regiões anteriormente povoados pelos antiga civilização, justamente por sua maior capacidade de adaptação.

Os Inuítes da Groenlândia

O gelo estava derretendo durante o Período Quente Medieval[73], abrindo caminhos para baleias e outros animais marinhos seguirem rumo à direção leste do Ártico, atraindo, possivelmente, os caçadores de *Thule*. Aliado a isso, nas regiões próximas ao estreito de Bering, alguns problemas, como a escassez de metal, foram um dos fatores que provavelmente estimularam a expansão para o leste. Isso porque se acredita que a América não estava tão isolada quando se imaginava no seu início como continente povoado, onde os povos que habitavam essa região, de alguma maneira, obtinham metais vindos da Ásia, mas, por alguma razão, esse comércio foi prejudicado. Dessa maneira, a civilização *Thule*, em busca de recursos, chegou à Groenlândia entre 1000 d.C. e 1100 d.C.

Em seu processo de migração, eles expandiram assentamentos e a linguagem Yupik, que se espalhou no Alasca, principalmente nos arredores da Beríngia e do Pacífico Norte. Já a linguagem Inuíte se espalhou nos territórios canadenses e da Groenlândia. Tais línguas passaram a compor a família linguística dos paleoesquimós, o escaleuta[74], que possui inúmeras variações. Assim, nascia os dois principais grupos da região ártica, os Inuítes (esquimós do Leste) e os Yupik (esquimós do Oeste). Apesar de seu isolamento geográfico, esses povos tiveram contato com os indígenas da América do Norte, com os vikings na Groenlândia e, a partir do século XVI, com os colonizadores europeus, o que começou a gerar mudanças em suas comunidades e seus modos de viver.

Além disso, uma Pequena Era do Gelo[75] se formou por volta dos anos de 1300 d.C., sendo mais crítica para regiões próximas ao Ártico, onde blocos de gelo marinho se formaram e impediram a passagens das baleias, por exemplo. Esse fato promoveu novas mudanças significativas na cultura

---

[73] Período Quente Medieval: foi um período de aquecimento incomum, principalmente na Europa, mas teve influência em todo o planeta, ocorrido, aproximadamente, entre 950 d.C. e 1250 d.C.

[74] Escaleuta: também chamado de Línguas Esquimó-Aleútes, é um conjunto de idiomas falado pelos esquimós da Região do Ártico. Ele inclui o Inuíte (Norte do Alasca, do Canadá e da Groenlândia), o Yupik (Oeste e Sudoeste do Alasca e Sibéria) e o idioma Aleúte, falado nas ilhas Aleutas e nas ilhas Pribilof. Todas essas línguas sofreram influências e variações linguísticas regionais.

[75] Pequena Era do Gelo: foi um período de resfriamento das temperaturas, conhecido também como Pequena Era Glacial, que ocorreu, principalmente, no Hemisfério Norte, entre os anos de 1300 d.C. e 1850 d.C.

e no modo de vida, como a intensificação da caça terrestre, tendo como consequência maior a diminuição da construção de barcos e o abandono de certas tecnologias. Também ocorreram mudanças territoriais de diversas comunidades, aumentando a diversificação de dialetos.

Assim, a cultura *Thule* começava a dar espaço para os que viriam a ser os seus descendentes diretos na região do Leste ártico, os inuítes, ou esquimós modernos, que herdaram os traços biológicos, culturais e linguísticos da sua civilização. Com isso, a combinação de novas tecnologias com uma organização social mais bem-estruturada fez com que os inuítes se estabelecessem como uma nova cultura. Esta, baseada na família patriarcal, foi construída sem divisão de classes sociais, não possuindo cultos ou religiões. Como forma de moradia, os inuítes herdaram dos *Thules* a construção de iglus, os quais geralmente eram feitos de madeira, porém em viagens de caça no inverno, construídos a partir de grandes blocos de neve. Assim, eles se tornariam maioria dentre todas as tribos de esquimós, abrangendo as regiões árticas do Canadá, do Alasca e da Groenlândia.

Uma das regiões habitadas pelos ancestrais dos inuítes foi o Noroeste da Groenlândia, a partir de 1000 d.C. Tais estudos arqueológicos indicam que um grupo de, aproximadamente, 300 inuítes estabeleceu-se na Baía de Melville, que é delimitada ao norte da ilha pelo Cabo York (Cape York). Os Esquimós de *Thules*, nome atribuído a este grupo em 1914 pelo antropólogo Knud Rasmussen[76], se estabeleceram por séculos nessa região e ali promoveram uma mudança significativa em sua cultura. Habituados a utilizar armas confeccionadas a partir de baleias, morsas e renas, devido à escassez de madeira nessa região, uma fonte de ferro transformou o modo de vida dessa pequena comunidade, ou até mesmo garantiu a sua sobrevivência.

O Metal dos Inuítes

Há mais de 10 mil anos, uma enorme "pedra" de ferro caía na Terra e permaneceria por muito tempo sem ser descoberta, até que os Esquimós de *Thules* a encontraram (~1000 d.C.), a cerca de 50 quilômetros a nordeste do Cabo York. Desse modo, seus fragmentos passaram a ser utilizados pelos paleoesquimós, sendo confeccionadas ferramentas como facas com cabos esculpidos de ossos ou chifres e lâminas de ferro, este oriundo do "céu", posteriormente chamado de meteorito Cape York. Estima-se que

---

[76] Knud Rasmussen (1879-1933): explorador polar e antropólogo groenlandês-dinamarquês considerado o "Pai da Esquimologia".

oito grandes fragmentos foram originados dessa queda, além dos menores espalhados pela região, porém três deles foram especialmente nomeados. O maior deles, pesando 34 toneladas, foi dado o nome de Tenda pelos *Thules*. Os outros dois menores foram chamados de Mulher e Cão, pesando 3 toneladas e 400 kg, respectivamente. Os inuítes se referiam ao local onde os blocos foram encontrados como *Savisavik*, derivado de *savik*, que significa "faca" ou "ferro", na linguagem Inuíte.

Essa mudança cultural fez com que os inuítes do Ártico progredissem da "Idade da Pedra"[77] para a "Idade do Ferro"[78] no contexto dessa civilização isolada. Isso porque os nórdicos vindos da Islândia só chegariam às regiões da Groenlândia séculos depois, com seu ferro originado de minas terrestres. Dessa forma, possivelmente, a presença do meteorito foi a promotora da colonização e adaptação nessa região, pois o acesso a ferramentas de ferro facilitou suas atividades de caça e esfola dos animais. Para isso, tiveram que desenvolver tecnologias para manipular o ferro a frio, uma vez que sua comunidade não dispunha de carvão ou madeira como combustível para produzir fogo e forjar artefatos.

Imagem 20 – Lança de presa animal com ponta de ferro do meteorito Cape York.

Fonte: commons.wikimedia.org (2023)

---

[77] Idade da Pedra: um dos dois grandes períodos da Pré-História, é marcado pelo início da fabricação de utensílios em pedra pelos primeiros seres humanos. É dividida entre os Período Paleolítico ou Idade da Pedra Lascada (surgimento da humanidade até 8.000 a.C.) e o Período Neolítico ou Idade da Pedra Polida (de 8000 a.C. até 5000 a.C.).

[78] Idade do Ferro: depois da Idade da Pedra, ele faz parte do outro grande período da Pré-História, a Idade dos Metais (5000 a.C. até o surgimento da escrita, por volta de 3500 a.C.), que é subdividida em Idade do Cobre, Idade do Bronze e Idade do Ferro, marcando o fim de toda a era pré-histórica.

Recentemente, pilhas de pedras de basalto foram descobertas próximos ao local onde caiu o meteorito, sugerindo que elas foram transportadas para martelar e arrancar pedaços dos blocos de ferro. Pela quantidade, estimada em, aproximadamente, 70 toneladas de martelo basáltico, essas pilhas se acumularam durante os vários séculos de extração. As armas feitas com o mesmo ferro foram encontradas também em regiões do Canadá, onde os artefatos meteoríticos estavam a mais de 500 quilômetros de distância, evidenciando a importância do "Meteorito dos *Thule*" como fonte de ferro no Ártico Oriental. Em contrapartida, no Sul da Groenlândia, onde se localizava o povo nórdico, apenas um fragmento foi encontrado, mostrando que não eram dependentes do ferro espacial em suas colônias. Com isso, especula-se que, se os ancestrais dos inuítes não tivessem vivido a "Era do Meteorito" na Groenlândia, esta região da ilha poderia não ter sido colonizada.

Todavia, o mundo de fato só teria conhecimento do meteorito e dos inuítes da Baía de Melville no século XIX, quando excursões nessa região do Ártico foram promovidas a fim de encontrar a Passagem Noroeste, um caminho que os europeus tanto procuravam por séculos.

Até que Chegaram os Europeus

Após o início das Grandes Navegações do século XV, incentivado pela procura de um novo caminho para as Índias, o mundo estava em busca de novas rotas que pudessem "encurtar" as distâncias, diminuindo os custos dos comércios marítimos. Assim, os europeus passaram a procurar a Passagem do Noroeste, uma via marítima do Ártico, que permitiria a ligação do Estreito de Davis ao Estreito de Bering, conectando os Oceanos Atlântico e Pacífico. Para isso, após as expedições de John Davis (1550-1605) e William Baffin (1584-1622), entre os séculos XVI e XVII, foi a vez do capitão John Ross (1777-1856), em 1818, de tentar encontrar a "ainda" desconhecida passagem para o Noroeste. Sua expedição britânica tinha como objetivos não só a localização da passagem, mas também a observação de correntes, marés, do estado do gelo, do magnetismo, como também coletar espécimes que encontrasse durante o trajeto.

Foi nesse percurso, incluindo contornar o litoral da Groenlândia, que Ross teve contato com a comunidade inuíte da Baía de Melville, que lhe ofereceu ferramentas forjadas com sua única fonte de ferro, os meteoritos. Ele relatou ter a impressão de ser o primeiro europeu a conhecer esse povo, que acreditava serem os únicos habitantes da Terra, ao qual ele deu o nome de Highlanders do Ártico.

Porém, apesar de esse grupo sobrevivente do Noroeste da Groenlândia encontrar-se totalmente isolado do mundo, anos antes, Hans Sakaeus, um caçador inuíte do Sul, fugiu em um navio baleeiro e chegou à Escócia, em 1816. Após demostrar suas habilidades, lá conheceu John Ross, que o convidou como desenhista e intérprete para sua então expedição para o Ártico. Desse modo, com a ajuda de Sakaeus, que intermediou o contato com alguma dificuldade, devido ao fato de séculos sem contato entre as culturas do Norte e Sul da ilha, Ross perguntou aos inuítes onde eles haviam obtido o ferro que usavam em suas ferramentas. Sakaeus disse a Ross que a resposta era que o metal tinha vindo de *Savisavik*, ou de uma "Montanha de Ferro" distante. Sendo assim, Ross supôs de maneira correta tratar-se de um meteorito, o qual também foi o primeiro não inuíte a ter conhecimento da existência de tal ferro meteorítico naquela região.

Contudo, apesar da receptividade típica de um povo pacífico e solidário que eram, os inuítes não compartilharam com Ross a localização da sua importante fonte de sobrevivência. Mesmo com seu instinto de proteção, os esquimós de Melville permitiram que Ross levasse consigo as ferramentas de meteorito, sendo algumas doadas posteriormente para o Museu Britânico. O relatório de Ross, contando sobre a Montanha de Ferro dos inuítes, contudo, fez com que, décadas depois, outros exploradores tentassem encontrá-la.

Cape York foi "Sequestrado"

Outra expedição britânica foi enviada para o Ártico, em 1884, mas agora liderada por Robert Peary (1856-1920), com o objetivo principal de chegar ao Polo Norte. Obviamente, sabendo da história contada por Ross anos antes, Peary tinha como objetivo também encontrar a Montanha de Ferro e assim o fez. Chegando à Groenlândia, mapeou a parte Norte da ilha e descreveu o modo de vida do povo inuíte, com o qual já havia feito seu primeiro contato três anos antes em outra expedição. Nessa altura, sua comunidade já não estava tão isolada do mundo, e sua dependência do ferro meteorítico não era um fator tão determinante para a manutenção do seu povo, que, no final do século XIX, já estabelecia um comércio com os europeus. Possivelmente por essa razão, Peary conseguiu ganhar a confiança de um dos "Highlanders de Ross", que o levou para um passeio de trenó pelos arredores de Cape York, mas em troca de uma arma de fogo. Com isso, Peary foi o primeiro europeu a conhecer a Tenda, a Mulher e o Cão, os maiores fragmentos do meteorito Cape York.

Após o descobrimento da localização de *Savisavik*, não tardou para Peary colocar o seu plano ambicioso em prática e salvar sua expedição, que, a princípio, não cumprira com o objetivo de alcançar a maior distância já percorrida no Polo Norte. Assim, sem pedir permissão para o povo que o acolheu, Peary transportou os fragmentos da Mulher e o Cão em blocos de gelo até a sua embarcação *Kite*, levando-os para a América, em 1895. Contudo, a Tenda havia sido deixada em seu local devido às dificuldades de transportá-la durante a primeira etapa do "sequestro" do meteorito Cape York. Três anos depois, Peary retornou à Groenlândia para concluir o seu plano de resgatar o maior fragmento de 34 toneladas, agora chamado de "Ahnighito", nome do meio da sua filha Marie, que nasceu na ilha em 1893. Assim, a bordo do navio *Hope*, a antiga Tenda desembarcou também em Nova York e permaneceu no Brooklyn Navy Yard até ser adquirida pelo Museu Americano de História Natural, em 1904.

Imagem 21 – O meteorito Cape York

Fonte: commons.wikimedia.org

Imagem 22 – O meteorito Tenda (Ahnighito), principal fragmento do meteorito Cape York que está exposto no Museu Americano de História Natural (AMNH) em Nova York (EUA).

Fonte: Mike Cassano, acervo do commons.wikimedia.org (2012)

O Meteorito Metálico de Cape York

Outras missões foram enviadas para a região anos mais tarde, onde, em 1963, Vagn Buchwald encontrou um fragmento com massa de 20 toneladas, que atualmente se encontra em exibição no Museu Geológico da Universidade de Copenhague. Contudo, como diversas histórias intrigantes de meteorito, o Cape York viria a ser a fonte de inspiração para Buchwald se tornar a maior referência no estudo de meteoritos metálicos. Isso porque, anos antes dessa sua expedição, quando ainda exercia a função de metalúrgico na Universidade de Copenhague, chegou um fragmento recém-descoberto do meteorito dos inuítes, sem imaginar que isso mudaria de vez a sua trajetória e a ciência meteorítica no mundo. Assim, o seu interesse pelos meteoritos de ferro despertou e fê-lo classificar e descrever a coleção dinamarquesa, levando-o a ser convidado a fazer o mesmo em outras coleções. Toda a sua experiência, como suas observações e seus aprendizados, condensou-se na obra-prima que até hoje é uma das maiores fontes de informação sobre os meteoritos metálicos: o monumental *Handbook of Iron Meteorites*.

Dessa maneira, baseado em trabalhos como os de Oliver Farrington, George Prior, Vagn Buchwald, John Wasson, entre outros, hoje, o meteorito Cape York é classificado como um meteorito metálico do tipo octaedrito médio, que apresenta as estruturas de Widmanstätten, pertencendo ao grupo químico IIIAB (ver Apêndice 1). No total, considerando as principais massas informadas pelo Meteoritical Bulletin Database até a presente data, o enorme meteorito tem um peso de mais de 60 toneladas, sendo uns dos maiores meteoritos já registrados no mundo. Por isso, e por tudo aqui já contado, o Cape York se tornou mais uma das *Histórias de Meteoritos ou Meteoritos na História?*.

9
A Origem do povo de Aztlán e Toluca, o seu "Ferro do Céu"

Os primeiros ameríndios a habitar a Mesoamérica seriam os ancestrais do futuro povo de Aztlán. Esses, ao fugirem da seca, saíram em busca da terra prometida pela sua divindade e só criariam morada quando a águia devorando a serpente em cima do cacto fosse avistada. Assim, chegariam ao Vale do México, após anos de peregrinação, passando por diferentes lugares e conhecendo diferentes culturas, até construírem o que viria a ser uma das maiores civilizações da história do mundo antigo, o Império asteca. Aprenderam o ritual de sacrifício, as técnicas de plantio, mas não aprenderam sobre a roda e tampouco as técnicas de siderurgia por meio de seus minerais. Mas, então, de onde viriam suas ferramentas e armas de ferro? Isso também foi uma surpresa para os espanhóis que ali chegaram e dizimaram sua civilização. Assim, para continuar nessa intrigante história, vamos para mais uma Histórias de Meteorito ou Meteoritos na História?.

Fonte: commons.wikimedia.org

Os Primeiros Ameríndios da Mesoamérica

Dos primeiros humanos que passaram pelo estreito de Bering, segundo a teoria mais aceita atualmente, parte deles migrou para as terras do Ártico e desenvolveu a cultura esquimó. Porém, a maioria deles migrou para as terras mais ao sul, dando origem aos diferentes povos das Américas, como os ameríndios das tribos da Mesoamérica[79].

Acredita-se que a região das planícies tropicais do Golfo do México, que circundam o rio Coatzacoalcos nos atuais estados de Veracruz e Tabasco, foi o berço da civilização mesoamericana. Nela, instalaram-se os colonizadores pré-colombianos, que deram origem ao primeiro povo da América Central, chamado pelos historiadores de Olmecas[80]. A sua cultura era desconhecida até meados do século XIX, quando, em 1862, José Melgar y Serrano[81] descobriu o sítio arqueológico de Tres Zapotes, situado nas terras baixas do Centro-Sul da costa do Golfo do México. Com isso, eles foram os primeiros sinais de uma sociedade complexa na Mesoamérica, possuindo cerca de 125 quilômetros de extensão. Assim, esses seriam os responsáveis pela criação e difusão de um padrão cultural, que influenciaria as futuras civilizações da região, como os de Teotihuacán, Toltecas, assim como as grandes culturas Maias[82] e Astecas.

---

[79] Mesoamérica: termo referente à região do continente americano, que inclui o Sul do México e os territórios da Guatemala, El Salvador e Belize, além das porções ocidentais da Nicarágua, de Honduras e da Costa Rica. Este termo foi assim definido por Paul Kirchhoff (1900-1972), um filósofo e antropólogo alemão especializado em etnologia mexicana.

[80] Olmecas: o nome "olmeca" significa "povo de borracha", em náuatle, a língua dos astecas. Os historiadores não sabem como os olmecas se chamavam, então cunharam este nome usado pelos astecas para se referir a essa civilização. O termo remete para a antiga prática de extrair látex da Castilla elástica, uma árvore da região.

[81] José Melgar y Serrano (1816[?]-1886): arqueólogo e explorador, descobriu o sítio arqueológico de Tres Zapotes, no México, em 1862.

[82] Maias: a civilização Maia foi uma das mais importantes sociedades da região da Mesoamérica, que corresponde à atual Península de Iucatã, no México, como também a Belize e partes da Guatemala e Honduras na América Central. Os Maias foram uma das três principais civilizações existentes em toda a América pré-colombiana, junto com os Astecas e Incas. Contudo, eles não tinham uma unidade imperial centrada, possuindo independentes cidades-Estados, que, às vezes, guerreavam entre si. Seu auge se deu entre 200 d.C. e 900 d.C., com seu fim oficialmente em 1524 d.C., devido à conquista de seus territórios pelos espanhóis.

Imagem 23 – Mapa dos primeiros locais habitados pelos Olmecas na Mesoamérica

Fonte: Jlrsousa, acervo do commons.wikimedia.org (2007)

O começo se resumia à presença de algumas tribos de ameríndios entre as regiões de pântano e montanha na América Central, que dominavam uma rudimentar economia agrícola. O crescimento das comunidades e a junção de diversas tribos ancestrais localizadas no Golfo do México fizeram com que a civilização olmeca se desenvolvesse e florescesse entre os anos de 1400 a.C. até 400 a.C. Como uma cultura já bem estabelecida, formou grandes centros, como São Lourenço e, posteriormente, La Venta, que se tornaram sua capital, sendo que essa última chegou a comportar quase 20 mil habitantes. Dessa maneira, os olmecas dominaram os terrenos férteis das planícies costeiras, tendo como principais plantações: milho, cacau, borracha, além do sal extraído das águas do oceano.

Típica de uma civilização avançada, formou riquezas que deram origem às elites em sua sociedade, demandando a produção de artefatos de luxo. Muitos destes eram feitos de matérias-primas como jadeíta, obsidiana, hematita e magnetita, vindos de rotas comerciais estabelecidas ao norte, região hoje chamada de Vale do México, e ao sul, na região de Guerreiros. Também desenvolveram a arte, refletida nas cerâmicas, nas pequenas pedras de jade, e até monumentos em basalto, como as cabeças colossais, sendo esse o aspecto da civilização olmeca mais largamente reconhecido. Contudo, especula-se que as tais cabeças representavam governantes ou pessoas que possuíam alguma distinção social, pois nenhum nome fora atribuído às imagens. A arte também estava expressa na religião dos olmecas, que esculpiam ou desenhavam em pedras as imagens de seus deuses mitológicos, como a Serpente Emplumada, o Homem das Colheitas e o Espírito da Chuva. Os governantes eram as figuras religiosas mais importantes dos olmecas, provavelmente pela ligação de sua autoridade com as divindades, seguidos pelos sacerdotes e xamãs[83].

Aos olmecas, é creditada a criação do primeiro calendário mesoamericano, a ser um dos primeiros povos a adotar o número zero em suas operações matemáticas, como também se especula a criação da bússola em minerais de magnetita, antes mesmo dos chineses. Além disso, também se acredita que os olmecas foram a primeira civilização do Novo Mundo a desenvolver um código escrito com símbolos e hieróglifos, conhecido como bloco de Cascajal[84], apesar da maior parte do conhecimento sobre sua sociedade ser por meio do estudo e da comparação dos artefatos e monumentos arqueológicos. Como legado cultural, além das influências artísticas e arquitetônicas, como as pirâmides monumentais, eles deixaram de herança, provavelmente, os rituais religiosos da sangria e sacrifícios humanos, inclusive o de crianças, porém ainda no campo da especulação.

Contudo, como toda civilização na história do mundo, essa seria mais uma tendo seu início, seu apogeu e um fim, que ocorreu ainda de forma misteriosa, tendo as mudanças climáticas e os fatores ambientais como as principais suposições para a causa de seu declínio. Todavia, o seu legado de desenvolvimento, tecnologia e cultura, antes esquecido, hoje mostra um grande vínculo com a maioria das civilizações que nasceriam das mesmas terras, como o surgimento dos Astecas, muitos séculos depois.

---

[83] Xamãs: termo que significa "aquele que enxerga no escuro", nas línguas faladas na Sibéria. Geralmente, são sacerdotes de religiões, que entram num estado de transe e fazem "contato" com espíritos ancestrais, manifestando incorporações e "poderes sobrenaturais"

[84] Cascajal: um bloco verde do mineral serpentina que contém um total de 62 glifos, alguns dos quais lembram plantas como milho e ananás, ou animais como insetos e peixes. Foi descoberto em 2006, na vila de Cascajal, município de Lomas de Tacamichapa, no estado mexicano de Veracruz. É considerado por muitos arqueólogos como "a mais antiga escrita pré-colombiana" do Novo Mundo. Artigo recente afirma sua autenticidade olmeca (Englehardt *et al.*, 2020).

Os Toltecas de "Teotihuacán"

Vindos das terras do Norte do atual México, os caçadores-coletores, falantes do náuatle[85] e com traços culturais dos olmecas, se assentaram na região da atual Bacia do México. Ali fundaram, sob a liderança de Mixcóat, a civilização Tolteca, por volta de 900 d.C., cuja Colhuacán foi sua primeira capital. Ao chegar à região, tiveram contato com umas das principais cidades construídas na Mesoamérica no período pré-colombiano, Teotihuacán.

Localizada no extenso Vale Central do México, nas terras altas onde se origina o grande lago salgado de Texcoco, Teotihuacán era a maior cidade das Américas e um dos principais centros urbanos, que, durante seu apogeu, chegou a comportar 170 mil habitantes. Ela deixou um legado cultural e científico de quase nove séculos, que influenciou culturas como os Maias, que se desenvolveram mais ao sul no mesmo período, e posteriormente os Toltecas e Astecas. Pouco se sabe sobre sua fundação, sendo as razões de sua origem e seu colapso meramente especulativas. Porém, acredita-se que Teotihuacán foi fundada por volta de 150 a.C., quando seus habitantes desenvolveram um sistema de cultivo agrícola adaptado aos terrenos pantanosos, chamado de chinampas[86]. Sua alta produtividade fez com que se desenvolvesse economicamente, assim como se expandisse por meio da formação de canais para o tráfego de canoas, a fim de transportar alimentos para locais distantes. Seu comércio incluía a venda de obsidiana, vidro vulcânico provavelmente originado do antigo vulcão em Cerro Gordo, usado na confecção de diferentes artefatos.

Os teotihuacanos também construíram um gigantesco conjunto arquitetônico, incluindo grandes bairros, avenidas e pirâmides, como a Pirâmide do Sol e Pirâmide da Lua, que hoje pertence a um dos principais sítios arqueológicos e mais visitados do México. Seu complexo panteão possuía diversos deuses mitológicos, como *Quetzalcóatl*, cujos sacerdotes realizavam sacrifícios de animais e humanos como oferendas. Os instrumentos para os sacrifícios eram lâminas afiadas feitas com a obsidiana, já que não existia o ferro disponível nessa civilização. No entanto, no ano 650 d.C., a cidade das grandes pirâmides foi destruída por incêndios, que se especula ter sido causado por invasores, e abandonada. Como consequência, várias ondas

---

[85] Náuatle (*Nawatl*): é uma língua falada no território atualmente correspondente à região central do México desde, pelo menos, o século VII. Curiosidade: algumas palavras em náuatle assemelham-se ao português, como: tomatl (tomate) e chocolete (chocolate).

[86] Chinampas: técnica agrícola que se baseia em ilhas artificiais construídas de madeira entrelaçada e preenchida com terra e materiais orgânicos para o plantio.

migratórias seguiram para as regiões mais ao sul, como Chichén-ltzá na Península de Yucatan, e também para cidade de Tula, no estado de Hidalgo, localizada ao norte de Teotihuacán.

Imagem 24 – Imagem da Pirâmide do Sol em Teotihuacán, a terceira maior pirâmide do mundo. Nela eram realizados os rituais de sacrifício

Fonte: Wirestock - freepik.com

Assim era a desenvolvida região da Bacia do México quando chegaram os toltecas do Norte dois séculos depois, trazendo consigo sua organização social militarista e suas noções de religião astral, como o culto da Estrela da Manhã. Obviamente, o encontro cultural trouxe mudanças e adaptações, visto que Mixcóat havia iniciado sua expansão tolteca pelas ruínas de Teotihuacán, que, por sua vez, já havia difundido seus traços culturais dentro da região. Com isso, a combinação desses diferentes povos foi ressaltada pela mescla de elementos antigos e novos em traços arquitetônicos e escultóricos toltecas, assim como nos seus rituais e adoração a deuses, por exemplo.

No campo da religião, estudos apontam que os primeiros imigrantes toltecas, ainda "bárbaros", provavelmente teriam aceitado a "hegemonia de uma classe sacerdotal originária de Teotihuacán" no comando por várias décadas. Porém, por volta do século XI, os reis se tornariam a fonte de poder. Nesse período, os sacrifícios humanos também se generalizaram, tendo essa tradição mais enraizada nas origens toltecas. Nesses rituais, o coração da vítima era arrancado e colocado na tigela de um *chacmool*, figura de pedra com aparência humanoide, exemplificando a mistura da arte e religião na cultura tolteca. Deuses também foram herdados de Teotihuacán, como o culto ao deus da abundância e fertilidade, *Quetzalcóatl – a Serpente Emplumada*. Contudo, os toltecas misturaram as imagens divinas com os governantes da Terra. Dessa maneira, os líderes políticos eram tidos como profetas de *Quetzalcóatl*, que assumiam tal posição para comandar sua civilização.

Nos códices[87], a cidade mítica de Tollan tornou-se a capital dos toltecas em 950 d.C., que muito provavelmente se refere à cidade mexicana de Tula, local de migração e exploração das minas de cal dos teotihuacanos. Foi governada por Topiltzin Quetzalcóatl, que, pela mítica história, era o deus *Quetzalcóatl* no corpo físico do sacerdote Ce Ácatl Topiltzin. Este, então, foi um grande centro comercial e religioso, com uma grande complexidade econômica, política e étnica, que comandou a rica sociedade tolteca na sua Época de Ouro. Sua fonte de abundância e poder vinha das atividades agrícolas e da cobrança de tributos das áreas conquistadas. O seu governo militar também fora retratado na arte, tendo colunas de pedras esculpidas com imagens de guerreiros, conhecidos como os Atlantes de Tula. Seu declínio começou pela invasão de grupos rivais e pelas disputas internas, que culminou com o saque e abandono de Tula por volta de 1150 d.C. A partir desse evento, sua capital foi transferida, e seu povo se dispersou por outras cidades do Vale Central, principalmente em Colhuacán e em Cholula, dando início ao fim de uma civilização, porém que perpetuaria suas tradições.

O Êxodo de Aztlán

Eram ainda um povo seminômade de caçadores-coletores chichimecas[88], vindos também de uma região ao norte, que chamava Aztlán[89], no ano de 1168 d.C. Fugindo da seca[90], eles foram em busca dos terrenos férteis prometidos pela profecia, onde deveriam criar morada. Andariam pelas terras até que encontrassem uma águia com uma serpente na boca,

---

[87] Códices: manuscritos escritos pelos astecas pré-colombianos por meio de pictografias e em náuatle, espanhol e latim durante a era colonial. Estes códices constituem algumas das melhores fontes primárias sobre a cultura asteca.

[88] Chichimeca: nome dado aos povos nômades e seminômades que se estabeleceram na atual região do Vale do México. Carregam o significado como o termo romano "bárbaro", que descrevia as tribos germânicas.

[89] Aztlán: originada do náuatle Aztlān, é a lendária terra ancestral dos povos nauas (que fala a língua náuatle), um dos principais grupos culturais da Mesoamérica. Assim, a palavra Asteca deriva do termo náuatle, que significa "povo de Aztlán".

[90] Período de 1100 d.C. a 1400 d.C.: caracterizado por uma deterioração geral do clima no Norte da Mesoamérica, cuja precipitação anual diminuiu, prejudicando a agricultura.

empoleirada num cacto, em cima de uma pedra, que revelaria onde fixar e prosperar como uma civilização. Partiram, então, para a peregrinação, em direção ao sul, sete tribos: os Astecas, Tepanecas, Xochimilcas, Chalcas, Acolhuas, Tlahuicas e Tlaxcaltecas, ou as *sete tribos nahuatlacas*[91]. Todos eles eram guiados por líderes religiosos, sendo que um deles carregava uma pedra magnética sagrada, um "embrulho de uma múmia sem pés", o deus *Huitzilopochtli*,[92] que "falava" e os indicava para onde seguir.

No caminho, encontraram Chicomoztóc[93], o *Lugar das Sete Cavernas*, e ali permaneceram por algum tempo, antes de continuarem a peregrinação. Os astecas, a partir desse momento, romperam relações com as outras tribos, acreditando ser o povo escolhido pelo deus que os guiava, que, por sua vez, os ordenou serem chamados, então, de *mexicas*.

Imagem 25 – Mítica Chicomoztóc, com suas Sete Cavernas, tirada do Códice *História tolteca-chichimeca* escrito pelos ancestrais astecas em 1550.

Fonte: commons.wikimedia.org

---

[91] Nahuatlacas: também chamados de povos nauas, são tribos mesoamericanas pré-colombianas que possuem a mesma origem linguística comum, o náuatle.
[92] Huitzilopochtli: a principal divindade do povo asteca, sendo o deus do Sol e da guerra, seu nome em náuatle significa "Beija-flor do Sul" ou "Beija-flor canhoto".
[93] Chicomoztóc: estudos recentes tentaram identificar Chicomoztoc com uma localização geográfica concreta, provavelmente entre 100 e 300 quilômetros a noroeste do Vale do México, próximo da atual cidade de San Isidro Colhuacan.

Assim, os agora mexicas seguiram seu caminho, passando por diversas cidades no entorno do Lago Texcoco, sendo expulsos de Chapultepec, envolvendo-se em batalhas como mercenários e, assim, aprendendo a arte da política e da guerra. Eles também chegaram a Azcapotzalco, capital dos tepanecas[94], onde passaram dificuldades, tornando-se subordinados desse povo. Talvez, pelo fato de terem chegado tardiamente ao México Central, foram por muito tempo um povo subjugado, pobre e sem terras.

Contudo, entre os tantos lugares por onde passaram, tiveram contato em especial com as cidades tolteca remanescentes, aprendendo sobre sua arte, cultura, política, religião, suas escolas e bibliotecas. Logo os mexicas se valeram da experiência e dos aprendizados durante os vários anos difíceis de peregrinação, começando a se organizar para formar uma base sólida de influência na região. Um desses ensinamentos foi a construção de alianças por vias matrimoniais, desposando, assim, uma das filhas de um senhor tolteca de Colhuacán com seu deus *Huitzilopochtli*. Porém, o líder de Aztlán tinha outros planos para cerimônia, o que certamente mudaria o rumo da sua história, mas, de qualquer maneira, encontrariam o "destino" da sua civilização.

Tenochtitlán – O Centro do Mundo Mesoamericano

Já era o século XIV, e o planalto Central mexicano possuía diversas cidades-Estado oriundas de diferentes tribos, que, por sua vez, buscavam por hegemonia. Isso levou a um período conturbado de guerras, alianças e golpes, que futuramente revelariam suas consequências. Os mexicas, certamente, seriam parte desse movimento, que começou com o assassinato da filha do soberano de Colhuacán, sendo escalpelada pelos sacerdotes antes do casamento com o deus Huitzilopochtli. O golpe mexica na cidade tolteca fracassou, resultando na captura e morte do seu líder, sendo, assim, obrigados a fugir.

Seguindo a visão do grande sacerdote *Quauhcoatl* ("Serpente-Águia"), que afirmara ter enxergado o sinal divino para o local da construção da cidade, logo os mexicas fundaram a cidade de Tenochtitlán, em 1325, em uma das ilhas da zona pantanosa a oeste do Lago Texcoco. Eles começaram a sua construção a partir de um simples templo feito

---

[94] Tepanecas: povo mesoamericano que chegou ao Vale do México no final do século XII e se estabeleceu nas margens ocidentais do Lago Texcoco. Eles falavam a língua náuatle e chegaram a controlar boa parte da região a partir da sua capital, Azcapotzalco. Foram derrubados pela Tríplice Aliança no século XV.

de bambu, sendo este o primeiro santuário de *Huitzilopochtli* e núcleo da futura cidade de Tenochtitlán. No entanto, seu início foi difícil e muito humilde, com suas aldeias sob ilhotas e seus habitantes vivendo da pesca e caça de animais aquáticos. Os mexicas ainda estavam submetidos à influência dos tepanecas, mas não tardaria para que eles se rebelassem e determinassem sua independência. Por meio de laços matrimoniais, comerciais, políticos e militares, os mexicas se fortaleceram, até que, em 1428, declararam um levante e derrotaram seus opressores, colocando fim ao domínio dos tepanecas.

Nesse mesmo ano, iniciou-se o processo de ascensão de Tenochtitlán, com o Reinado do seu quarto soberano, Itzcoatl ou "Serpente de Obsidiana" (1381-1440), após o assassinato de seu antecessor Chimalpopoca. Com sua liderança, a cidade de Tenochtitlán enriqueceu e floresceu a partir da aliança formada com cidades vizinhas, do que nasceu a Tríplice Aliança, em 1434, entre Tenochtitlán, Texcoco e Tlacopan. Logo, a liga formada conquistaria as cidades do entorno, aumentando a arrecadação de impostos e o seu poderio sobre as outras tribos. Não tardaria para que a força militar dos mexicas de Tenochtitlán prevalecesse perante as outras pontas da Aliança, conseguindo, dessa maneira, impor sua ideologia, transformando-se no grande poder do Vale do México. Estudos arqueológicos estimam que, no período próximo ao ano de 1450, a cidade era uma vasta metrópole cercada por água, com canais que conectavam em todas as direções, como a Veneza do Velho Mundo, contando com, aproximadamente, 300 a 400 mil habitantes. No entanto, os mexicas não parariam por aí, pois eles se sentiriam mais motivados a continuar o seu processo de expansão por toda a região. Assim, nascia um futuro Império nas terras férteis do Vale do México, que seria conhecido como o Império asteca.

O Império Asteca

Sob a liderança de Itzcoatl, Tenochtitlán cresceu, desenvolveu e se fortaleceu, até Montezuma I (1397-1469) assumir o comando dos mexicas, em 1440, após a morte de seu tio. Seu legado foi consolidar e expandir largamente as fronteiras de domínio do povo de Aztlán, abrangendo boa parte das terras do México Central. Assim sendo, Montezuma I consolidou a hegemonia do Império asteca, centralizado em Tenochtitlán como sua capital, tornando-se um dos povos mais civilizados e poderosos da América pré-colombiana.

Em praticamente todos os aspectos, sejam eles culturais, artísticos ou religiosos, os próprios astecas se consideravam descendentes dos toltecas, inclusive, reverenciando seu estilo e sua arquitetura. Dessa maneira, na religião, é possível detectar a herança direta do culto aos mesmos deuses, entre eles: *Tlaloc* (deus da chuva), *Chalchihuitlicue* (deusa das águas e da fertilidade) e *Quetzalcóatl* (deus civilizador representado pela Serpente Emplumada). O deus *Huitzilopochtli* (deus do sol e da guerra) é um dos mais importantes e atribuídos mais à cultura asteca. Como visto, suas divindades representavam muitas vezes as forças da natureza, como o Sol e a Lua, por exemplo, o que fez, possivelmente, os astecas se encantarem com as ruinas encontradas em Teotihuacán. O povo mexica, durante seu período de peregrinação, ao se aproximar das terras do Vale Central, encontraram uma cidade monumental vazia, porém suas largas avenidas e seus gigantes edifícios, como as Pirâmides do Sol e da Lua, os fizeram acreditar que dali o Universo todo fora criado. Teotihuacán, dessa maneira, foi batizada pelos astecas com seu nome tendo um significado em náuatle próximo de *"onde os deuses nascem"*, tornando-se um lugar sagrado e de adoração para essa civilização. Em relação aos rituais de sacrifícios humanos, eles permaneceriam na sua cultura, perpetuando a tradição de oferecer o coração dos guerreiros inimigos, arrancado ainda vivos, como oferenda para seus deuses.

Eles, como um povo culto que herdou a tradição das escolas de matemática, astronomia e a formação de escribas dos toltecas, possuíam um conhecimento científico avançado para sua época. Seu calendário apresentava uma dupla estrutura baseada no conhecimento astronômico e sagrado. Como descrito pelo Frei Bernardino de Sahagún[95], o calendário de 260 dias, chamado *tōnalpōhualli*, era usado para estabelecer horóscopos e previsões, enquanto o calendário solar, chamado de *xiuhpōhualli*, continha os 365 dias do ano. Esse último era dividido em 18 meses de 20 dias, tendo cinco dias a mais "vazios", pois não eram dedicados aos deuses. Dessa forma, esses dois ciclos juntos formaram um "século" de 52 anos, contudo o ciclo solar era o mais utilizado para as atividades sociais em geral, principalmente na agricultura.

Nesse aspecto, sua técnica agrícola foi herdada dos teotihuacanos e toltecas, que produziam suas plantações através das ilhas artificiais que flutuavam sobre as águas do lago, as chinampas. Essa era umas das principais

---

[95] Frei Bernardino de Sahagún (1499-1590): frade franciscano espanhol, autor de várias obras bilíngues em náuatle e espanhol, consideradas hoje entre os documentos mais valiosos para a reconstrução da história do México antigo, antes da chegada dos conquistadores espanhóis. Primeiro organizado em 12 livros, que se chamaram *Códices Florentino*, seus textos posteriormente se transformaram na obra *História General de las cosas de Nueva España*.

atividades da população, sendo a base de toda a sobrevivência do Império. Dentre os principais alimentos cultivados pelos astecas estavam o feijão, a abobrinha, a abóbora e o tomate, sendo o milho o principal deles. Para manipular a terra e plantar as sementes, os astecas se valeram de ferramentas como pás, machados e arados feitos de ferro, numa civilização que possuía minérios como hematita e magnetita, mas ainda não o conhecimento da siderurgia. Assim, esse era um metal especial, que valia muito mais do que o ouro e a prata disponíveis na sua sociedade.

Conhecida pelo estilo de vida sofisticado, a sociedade asteca foi construída no sistema de pirâmides. Na base, estavam os escravos, tendo, em seguida, os camponeses e comerciantes, depois, a nobreza de sacerdotes e comandantes militares, com o topo destinado à autoridade absoluta, o imperador, também chamado de Tlatoani. Ele era o comandante-chefe de todo o exército, assim como de todo o corpo sacerdotal e administrativo. Antes da consolidação de uma unidade imperial, cada cidade-Estado (*altepetl*)[96] possuía o seu próprio Tlatoani, de ascendência familiar real. Assim, o Império asteca, ao longo dos seus anos de expansão, que se estendeu do Oceano Atlântico ao Pacífico, teve em seu domínio, aproximadamente, 500 cidades, totalizando por volta de 1 milhão de habitantes. Sua organização social, até então, não dava sinais de que poderia ser abreviada pelos povos vizinhos em um horizonte próximo, até que esse cenário mudaria, após uma visita um tanto inesperada.

Até que Chegam os Espanhóis

Em 1519, os mexicas eram governados pelo temido e venerado soberano Montezuma II (1466-1520), líder supremo do grande Império asteca. Esse ano coincidia com o seu calendário *tōnalpōhualli*, que previa o fim do mundo e o início de outro, com a volta do deus civilizador *Quetzalcóatl*. Foi quando os astecas avistaram a chegada de Hernán Cortês (1485-1547) com toda a sua frota marítima, que mais parecia "montanhas flutuantes". A respeito da cavalaria desembarcada, ficaram estarrecidos com o ser "metade homem, metade besta". Eles, então, acreditavam estar diante da divindade suprema do seu povo, o que fez Montezuma II lhes entregar ouro e joias na sua chegada a Tenochtitlán. Contudo, mal sabiam eles que, em breve, tudo do seu Império lhe seria entregue.

---

[96] Altepetl: termo derivado náuatle que significa literalmente "montanha de água". Ele se refere a uma unidade provincial da sociedade Nahua pré-hispânica. Por definição, cada altepetl tinha um governante terrestre com um templo dedicado a uma divindade padroeira.

Hernán Cortês era o líder da frota espanhola encarregada de povoar e conquistar territórios mesoamericanos, na atual América Central. A essa altura, a América já havia sido descoberta pelo Velho Mundo, por Cristóvão Colombo, em 1492, sendo agora desbravada por novos conquistadores. No entanto, a surpresa foi mútua para os dois mundos, pois os espanhóis não poderiam imaginar que, ao ancorar na costa do Golfo do México, encontrariam uma das maiores civilizações do planeta, os Astecas.

Nas cartas para o rei Carlos I da Espanha e V da Alemanha[97], Cortês descreve o cenário e o cotidiano desse povo, expressando a grandiosidade do que vira. Comparou a cidade dos Astecas com a grande Sevilha e até mesmo a grande praça do mercado de Tenochtitlán com a cidade de Salamanca, na Espanha. Além da surpresa de se deparar com uma comunidade evoluída, totalmente fora do que se esperava para além do mundo civilizado que conheciam, outro fato inusitado chamou a atenção dos espanhóis.

Apesar do conhecimento científico e das tecnologias ali empregadas nas pirâmides, construções civis e agricultura, por exemplo, os astecas não descobriram a roda e tampouco a técnica para fundição e manipulação do ferro, a partir de seus minérios naturais. Contudo, os espanhóis que chegaram ao Novo Mundo depararam-se com diversas ferramentas agrícolas, além de facas e armamentos, todos feitos a partir de um ferro puro que não estaria disponível para esse povo. Quando perguntados sobre a origem daquele ferro, responderam apontando para cima, indicando que haviam caído do céu. Sua raridade era tanta que, para eles, o "ferro do céu" valia mais do que ouro. Logo, os astecas foram uma civilização que também tiveram os meteoritos inseridos na sua cultura e nos seus hábitos de viver.

Dessa forma, no início se estabeleceu uma relação de certa maneira amistosa entre os nativos da região e os recém-chegados, como descrito no relado de um dos soldados que se alojaram nas comodidades do palácio real. Porém, rapidamente esse cenário mudaria com os espanhóis fazendo alianças com tribos contrárias à liderança do imperador asteca, que, por sua vez, entenderia que Cortês não era o deus *Quetzalcóatl*. Com isso, não tardaria para que conflitos armados se estabelecessem pelo domínio das terras dos mexicas. Assim, um grande exército foi organizado pelos espanhóis, junto do apoio de guerreiros de tribos rivais, para conquistar de vez Tenochtitlán, em 1521, ano que ficou marcado como a derradeira queda e o

---

[97] Carlos I da Espanha e V da Alemanha (1500-1558): neto do imperador Maximiliano I e filho de Felipe, o Belo, foi sacro imperador romano e arquiduque da Áustria a partir de 1519, rei da Espanha, como Carlos I, a partir de 1516, e Senhor dos Países Baixos, como Duque da Borgonha, a partir de 1506.

fim do Império asteca. Com a conquista, o território do povo de Aztlán agora seria o vice-Reino da Nova Espanha, sob o comando administrativo do seu próprio conquistador, Hernán Cortés. Tenochtitlán deixaria de "existir" para ser chamada de Cidade do México, com seu mítico Lago Texcoco da águia com a serpente empoleirada, sendo, infelizmente, aterrado pelos espanhóis.

    Essa é a história sobre a origem do povo mexica nessa região do Novo Mundo, contada nos diversos códices. Esses manuscritos astecas pré-coloniais narram os fatos históricos e as ideologias dessas civilizações ameríndias por meio de seus pictogramas que foram desenhados em cascas de figueiras, fibras de cacto e pele de animais. Após a invasão dos espanhóis, os códices passaram a ser narrados em forma de escritas, conforme os mexicas foram sendo "catequisados" e a eles introduzido o alfabeto do Velho Mundo. Contudo, eles são relatos que se misturam com o misticismo herdado das religiões e crenças aos deuses mitológicos desse povo, onde o imaginário se mistura com a realidade. Assim, uma visão real dependia do ponto de vista de cada narrador dos códices, sendo que tais documentos combinavam as concepções mexicas com a nova noção da realidade introduzida pelos espanhóis ao longo do tempo. Dessa maneira, temos a presença da lenda de Aztlán, Chicomoztoc e a profecia contada na primeira parte da história, mas com uma fundamentação histórica verídica baseada nas descobertas feitas por meio das escavações arqueológicas após centenas de anos. Todavia, por mais que se busque cada vez mais a veracidade dos fatos, as lendas construíram uma identidade única nesse povo, que hoje podemos vê-la como nação e estampada na bandeira oficial mexicana.

Imagem 26 – Bandeira mexicana com a águia em cima do cacto com uma serpente na boca, como descrito na lenda que originou o povo de Aztlán

Fonte: www.slon.pics - freepik.com

Os "Ferros do Céu" do Povo de Aztlán

Muitos anos se passaram, e os espanhóis tomaram conta de pratica-mente toda a América Central, culminando com a destruição das grandes civilizações, como os Astecas e os Maias. Seus monumentos foram esque-cidos, muitos de seus calendários queimados, boa parte de sua sociedade dizimada e muito de suas histórias perdida. Com isso, provavelmente, muitos registros desses povos antes da chegada dos europeus podem ter se perdido, restando as informações registradas em alguns códices pré-colombianos e os que foram narrados após a conquista dos astecas. Assim, pouco se tem conhecimento sobre as pedras que vinham do "céu" para esse povo, vindo a maior parte apenas das descobertas arqueológicas que se sucederam após as conquistas. Um dos poucos registros sobre possíveis meteoros ou meteoritos que se tem são em alguns códices como o Boturini, Durán e Florentino.

O Códice Boturini, também conhecido como *Tira de la Peregrinación de los Mexica*, fala da migração asteca de Aztlán para Tenochtitlan. Não se sabe ao certo quando foi escrito, mas se estima uma data entre 1519 e 1521. Como descreve Hendrix, Mcbeath e Gheorghe (2012), estudos sobre esse códice sugerem que a pedra (deus *Huitzilopochtli*), carregada pelo sacerdote durante a peregrinação, tinha propriedades magnéticas e, por isso, "falava "o caminho a seguir. Essa suposição se baseia no fato de que ela poderia ter apontado a direção norte e, consequentemente, o sul para os povos astecas. No códice é mencionado que o "deus" foi descoberto em uma caverna, que talvez pudesse ser uma cratera, na encosta de uma montanha. Mais ainda, a menção à pedra era com o nome glifo de Serpente, que, por sua vez, é mencionada no códice de Florentino.

O Códice Florentino, escrito pelo Frei Sahagún no século XVI, é a coletânea dos seus 12 livros em que ele fala sobre a história do México antigo, antes da chegada dos espanhóis, também chamado de *História General de las cosas de Nueva España*. De acordo com Houston (2018), em meio às narrativas, é descrito o ritual de auto sacrifício de Nanahuatzin[98] e Tecuci-ztecatl[99] em um poço de fogo em Teotihuacán e sua transformação em Sol e Lua. O local do sacrifício é referido como Xiuhtetzacualco, ou "recinto turquesa", possivelmente fazendo referência ao deus do fogo *Xiuhtecuhtli* "senhor turquesa". No caso, o simbolismo turquesa para os povos da América

---

[98] Nanahuatzin: o mais humilde dos deuses, sacrificou-se no fogo para que continuasse a brilhar na Terra como o Sol, tornando-se o deus sol.

[99] Tecuciztecatl: originado de pais divinos, submete-se ao sacrifício e transforma-se no velho deus da Lua.

Central é relacionado com o conceito de *Xiuhcoatl*, a "serpente meteórica turquesa de fogo", cuja cor azul turquesa pode estar relacionada ao coração da chama, que possui tal cor. Além disso, como também descreve Houston (2018), em náuatle, *xīhuitl* significa não apenas a cor turquesa, mas também cometa ou meteoro.

O Códice Durán, ou a *Historia de las Indias de Nueva España e Islas de Tierra Firme*, foi um manuscrito feito pelo frade espanhol Diego Durán (1537-1588) no século XVI. Ele fala sobre a lenda da origem dos mexicas, desde Chicomoztóc até sua derrota para os espanhóis. Uma das imagens ilustrativas contidas no códice retrata o imperador Montezuma II observando uma "estrela-cadente" passando no céu (imagem da introdução). Segundo Durán, isso foi interpretado pelos astecas como um sinal da ruína de Tenochtitlán. Dessa maneira, fica evidente que as tribos mesoamericanas testemunharam eventos astronômicos, seja de meteoros, seja da queda de meteoritos ou até passagem de cometas, atribuindo-lhes uma conexão divina.

Todavia, a primeira evidência sobre os meteoritos que posteriormente seriam descobertos nos sítios arqueológicos dos astecas deu-se pela resposta em que apontaram para cima. Essa indicação sugere que, em algum momento, alguma tribo testemunhou o fenômeno de queda, talvez até uma chuva de meteoritos, contudo nenhum registro até hoje foi encontrado. Assim, uma das primeiras descobertas de fragmento de meteorito na Mesoamérica foi em 1619, perto de Morito, no Oeste das encostas da Sierra Madre Ocidental, no Sudoeste do estado mexicano de Chihuahua. Como descrito à época, foi um marco notável, e a impressão que se tinha era de ter sido um memorial de veneração dos povos nativos que chegaram do Norte do atual México. Esse, muitos séculos depois, recebeu o nome de meteorito Morito, pesando 10 toneladas, sendo classificado como um octaedrito médio, pertencente ao grupo químico IIIAB (ver Apêndice 1). Hoje, ele está em exposição no Palacio de Minería na Cidade do Mexico, antiga Tenochtitlán.

Outro meteorito do tempo dos astecas recebeu o nome de Toluca, por ter sido encontrado milhares de fragmentos nas encostas ao redor da aldeia de Xiquipilco (atual nome Jiquipilco), situado próximo à cidade de Toluca. Essa foi provavelmente uma chuva de meteoritos ocorrida muito tempo antes, porém só conhecida sua localidade pelos europeus no ano de 1776. Vagn Buchwald, o mesmo do meteorito Cape York, descreveu, em 1975, que novos fragmentos eram encontrados pelos nativos da região, geralmente no início do período das chuvas, pois as pedras se tornavam visíveis entre o solo. Os ferreiros da época forjavam o ferro meteorítico para confecção de armas e artefatos agrícolas com martelos de pedra, conseguindo extrair e moldar os pedaços do metal valioso, porque eram maleáveis e fibrosos. Essa forma de forjamento lembra exatamente a técnica empregada pelos esquimós, que vimos no capítulo anterior. O meteorito Toluca foi classificado tempos depois como um octaedrito grosseiro do grupo químico IAB, com uma massa total estimada em mais de 3 toneladas, segundo Buchwald. Fragmentos do Toluca encontram-se no Museu Nacional de História Natural do Smithsonian, em Washington D.C, nos Estados Unidos, e no Museu de História Natural de Londres, no Reino Unido.

Um século depois, no ano de 1867, Edmond Guillemin-Tarayre[100] fez outra descoberta arqueológica com fragmentos de um outro meteorito encontrado em um templo nas ruínas conhecidas como Casas Grandes, no estado mexicano de Chihuahua. Além do grande fragmento com mais de 1500 kg, outro menor de 50 centímetros de diâmetro, em forma de lente, estava cuidadosamente envolto em panos semelhantes aos que envolvem as múmias nas antigas tumbas da mesma localidade, indicando também algum tipo de adoração mística. O meteorito posteriormente foi classificado com o nome de Casas Grandes, sendo também um octaedrito médio do grupo IIIAB. Um dos seus fragmentos, pesando 2,3 kg, encontra-se no Museu Smithsonian, em Washington D.C.

Imagem 27 – Fragmentos do Toluca exibindo a estrutura de Widmanstätten

Fonte: Marcelo Adorna Fernandes

---

[100] Edmond Guillemin-Tarayre (1832-1920): formado como engenheiro de minas, na França, participou de pesquisas mineralógicas na Rússia e em Madagascar e foi membro da expedição para o México, em 1864.

Importante enfatizar que os meteoritos não eram reconhecidos como rochas que vinham do espaço até o final do século XVIII, e muitos cientistas acreditavam tratar-se de algum fenômeno meteorológico. Dentre eles, estava Antoine Lavoisier, um famoso cientista francês, que rejeitava veementemente a possibilidade de pedras vindas do céu. Por isso, trabalhos como de Ernest Chladni, em 1794, tornar-se-iam tão importantes para que se comprovasse a origem espacial dessas rochas e, assim, nascesse a Ciência Meteorítica no mundo, como veremos no Capítulo 12, sendo mais uma das *Histórias de Meteorito ou Meteoritos na História?*.

10
Campo del Cielo: O "Sol" que caiu na Terra

De repente, luzes brilhantes vinham do céu fazendo um barulho de 100 sinos no Sul do Novo Mundo. Incêndios começaram, e, para esses ameríndios, o Sol caíra na Terra há 4 mil anos. Da sua queda, centenas de fragmentos de um metal com pureza incomum foram espalhados pela semiárida região do Gran Chaco, que, para os nativos guaicurus, passou a ser chamada de Piguem Nonraltá, ou Campo do Céu. Seus pedaços vindos do deus Sol foram transformados em pontas de lanças e flecha, que surpreenderam os espanhóis que atravessaram o oceano e ali chegaram em busca de prata e ouro das novas terras conquistadas. Quando perguntados pelos visitantes de onde vinha aquele metal de cor de prata, os guaicurus respondiam o que lhes fora passado durante gerações pelos seus ancestrais: do céu. Séculos depois, esse metal foi chamado de meteorito Campo del Cielo, sendo a maior queda de meteorito encontrada até hoje no mundo, e o Histórias de Meteorito ou Meteoritos na História? vai contar essa história para você.

Fonte: acervo da Fundação Biblioteca Nacional – Brasil

Os Ameríndios Chegam ao Sul

Os ameríndios chegam à Região Sul do Novo Mundo, seguindo por muitas direções, diversificando-se em centenas de tribos, seja nos Andes, seja nos planaltos, seja na floresta ou no litoral. Desse modo, num complexo processo migratório, sociedades floresceram e se desenvolveram desde a Terra do Fogo[101] até sociedades com arquiteturas monumentais bem-desenvolvidas, como o Império inca[102], no Peru. Tiveram uns que se dirigiram para regiões mais áridas, como o Gran Chaco (Argentina, Paraguai, Bolívia) e, nesse pedacinho do novo continente, fizeram morada, dando início à cultura Guaicuru[103]. Isso porque os povos que ali ficaram deram origem aos diferentes grupos étnicos indígenas que pertencem ao tronco linguístico Guaicuru, falando, assim, a língua guaicuruana. Mas essa seria apenas uma das 65 famílias linguísticas que ficariam conhecidas na América do Sul. Contudo, muitas dessas línguas e grupos que as falavam foram extintos durante as últimas centenas de anos, mas seu rico legado de tradições orais e mitologias permaneceu. Os guaicurus eram também originalmente caçadores-coletores, como os demais povos do Norte e mesoamericanos, onde sua organização social era baseada em unidades formadas por famílias extensas, que posteriormente formaram tribos. Com isso, entre as diversas ramificações dessa cultura linguística, os principais grupos existentes do Guaicuru são os Mocovíes, Toba, Pilagá, Kadiwéu, Mbayá, Matacos, entre outros, porém guardando heterogeneidades tanto culturais quanto linguísticas entre si. O Rio Paraguai era um limite que separava parcialmente as populações, dado o deslocamento dinâmico desses povos. Durante o período de abundância e colheitas, principalmente nas estações da primavera e do verão, eles realizam seus rituais, assim como trocas econômicas à formação de alianças matrimoniais. Uma das grandes diferenças entre os guaicurus e outras civilizações, como os Incas e os Astecas, é que eles não realizaram uma centralização de poder sob a tutela de uma liderança teocrática. Para os

---

[101] Terra do Fogo: arquipélago situado na extremidade Sul da América do Sul, formado por uma ilha principal, a Ilha Grande da Terra do Fogo, e outras ilhas menores. O arquipélago é separado do continente sul-americano pelo estreito de Magalhães, e a ponta mais a sul do arquipélago é o Cabo Horn. Politicamente, o arquipélago está dividido entre o Chile e a Argentina.

[102] Império Inca: localizado nas Cordilheiras dos Andes, nas terras altas do Peru, foi o maior Império da América do Sul pré-colombiana, tendo seu centro administrativo na cidade de Cuzco. Iniciou seu processo de expansão e tornou-se oficialmente Império em 1438, sucumbindo com a chegada dos espanhóis, em 1572.

[103] Guaicuru: fugindo da colonização espanhola, os guaicurus da região do Paraguai migraram para o Brasil, na região onde hoje se entende os estados do Mato Grosso do Sul e Goiás, a partir de meados do século XVIII. Seu nome foi dado pelas tribos inimigas falantes do Guarani, em que guaicuru significa literalmente gente malvada e com a pele suja.

guaicurus, os líderes eram os caciques de cada aldeia, sendo os mais nobres da tribo junto de seus parentes mais próximos, cujo domínio era passado de geração em geração.

Imagem 28 – Índia Guaicuru.

Fonte: acervo da Fundação Biblioteca Nacional – Brasil

Como praticamente todos os povos ancestrais, eles possuíam a crença em seres superiores divinos ligados diretamente aos fenômenos da natureza. Com isso, grandes eventos catastróficos naturais, como inundações, incêndios, terremotos, vulcões, escuridão e o "céu caindo", eram normalmente associados às mitologias indígenas da Criação e seus conceitos de cosmologia. Assim, uma dessas formas de conexão entre os humanos e os seres celestiais ocorreu numa porção mais ao sul do Gran Chaco, mais precisamente no Norte da Argentina. Formada por uma região semiárida plana, quente, coberta igualmente por savana, matagal e densas florestas de espinhos, tal região era habitada por uma das grandes tribos Guaicuru, os Mocovíes (*Moqoit*).

O Céu dos Mocovíes

Este é um povo que caçava com cães e armas rudimentares, como arco e flecha, lança e martelo de madeira. Preparavam bebidas fermentadas com água e farinha de alfarroba[104] adoçada com mel silvestre, como o típico *latagá*. Fabricavam peças de barro cozido, cestos e tecidos em lã, seguindo tradições dos antepassados. Moravam em casas de palha com formato de cone, deixando apenas um espaço aberto para a entrada, usando peles secas de animais no chão para dormir. Assim viviam os antigos mocovíes, usufruindo do básico que a natureza lhes proporcionava. Talvez por isso, enxergavam os elementos da natureza como seres ou coisas que possuíam um espírito capaz de agir sobre eles, seja para o bem, seja para o mal.

Os mocovíes acreditavam numa conexão direta entre o céu e a terra por meio de uma árvore (*nalliagdigua*), que de tão grande se estendia e conectava os dois "mundos". Por ela, de galho em galho, sempre ganhando maior elevação, subiam as almas para pescar num rio e em lagoas muito grandes que abundavam de deliciosos peixes. Essa foi a descrição do Padre José Guevara (1719-1806) em seu livro de 1764, *Historia del Paraguay, Rio de la Plata y Tucumán*, transcrito no artigo de Lehmann-Nitsche, *La Astronomía de los Mocoví* (LEHMANN-NITSCHE, 1927). Ao olharem para o céu (*piguem*), o que hoje é a Via Láctea para nós, para eles representava um caminho (*nayic*) que também conectava as camadas do mundo, no qual o brilho das estrelas seria uma das manifestações de poder.

Por essa razão, em sua cultura, existia a ideia da presença de seres poderosos no céu, associados à fertilidade e abundância, porém seres que também tiravam vidas humanas. Eles poderiam descer à Terra, como a Mulher-Estrela, que, por ser uma mulher bonita associada à estrela da noite, seduzia os homens que não tinham conseguido casar-se. Também existiam os xamãs (*pi'xonaq*) em sua tribo, que eram feiticeiros com o dom de se comunicar com os poderosos, assim como curar doenças e prever o

---

[104] Alfarroba: é uma vagem, parecida com o feijão, de cor marrom-escuro e sabor doce.

futuro. Além disso, as Nuvens de Magalhães eram poços de água, os grandes meteoros eram anúncios de mortes na região para onde se dirigiam, e as Plêiades eram celebradas quando vistas no céu para pedir por bom tempo, chuva e boas colheitas. Sem falar que a palavra usada para designar mês era o *shiraigo*, que significa Lua, e as estrelas (*huaqajñi*) eram entendidas como seres humanos, sendo geralmente mulheres.

Assim, para esse povo, o cosmos seria formado por três planos: a terra (*laua*), sendo o plano central habitado pelos Mocovíes; o submundo, sendo uma região habitada semelhante à anterior, porém com o sol iluminando quando na terra é noite; e o plano celeste (*piguem*), que era povoado por seres não humanos com os quais estabeleciam relações sociais, mesmo, muitas vezes, considerados perigosos.

Mas eles também enviavam presentes para os seres da Terra, que eram as "estrelas caídas do céu" (*huaqajñi najñi*), concebidas como objetos produtores de sorte e riqueza para quem as detinham. Eis que então, na Região Sul do Gran Chaco, uma enorme massa de ferro nativo, estimada em mais de 800 toneladas, cortou os céus dos mocovíes, causando um estrondo ensurdecedor há cerca de 4 mil anos. Para eles, o Sol caiu!

O "Sol" Caiu e o Fogo Consumiu

> Quando o sol uma vez caiu do céu, um mocovíe ficou tão comovido com pena que inventou uma maneira de elevá-lo: amarrou-o para que não caísse novamente. O mesmo acidente aconteceu com o céu, mas o esperto e forte mocovíe o levantou com paus e o colocou de volta em seu devido lugar. O sol caiu uma segunda vez, ou porque os nós não estavam apertados o suficiente ou porque haviam sido enfraquecidos no decorrer do tempo. Ondas de fogo se espalharam por toda parte, as chamas consumindo árvores, plantas, animais e homens. (WILBERT; SIMONEAU, 1988 *apud* MASSE; MASSE, 2007, p. 195).

> As pessoas [Toba e Pilagá] estavam todas sonolentas. Era meia-noite quando um índio notou que a lua estava assumindo uma tonalidade avermelhada. Acordou os outros: "A lua está prestes a ser comida por um animal". Os animais que predavam a lua eram onças, mas essas onças eram espíritos dos mortos. O povo gritava e gritava. Eles batiam seus morteiros de madeira como tambores, batiam em seus cães e alguns atiravam aleatoriamente com suas armas. Eles faziam o máximo

de barulho que podiam para assustar as onças e forçá-las a soltar suas presas. Fragmentos da lua caíram sobre a terra e iniciaram um grande incêndio. A partir desses fragmentos, toda a terra pegou fogo. O fogo era tão grande que as pessoas não conseguiram escapar. Homens e mulheres correram para as lagoas cobertas de sabiás. Os que se atrasaram foram ultrapassados pelo fogo. A água estava fervendo, mas não onde os juncos cresciam. Aqueles que estavam no local não cobertos de juncos morreram e lá a maioria das pessoas foi queimada viva. Depois que tudo foi destruído, o fogo parou. Cadáveres deteriorados de crianças flutuavam sobre a água" (WILBERT; SIMONEAU, 1982a *apud* MASSE; MASSE, 2007, p. 195).

O fogo, quando queimou tudo aqui na terra, foi feito por Fitzrkrjíc[105] (um demiurgo[106] criador presente no grande dilúvio, no grande incêndio e nos eventos de queda do céu); ele fez a queimada. Só ele fez isso. Toda a terra foi queimada, até a água das lagoas. Até o céu ardeu. (WILBERT & SIMONEAU, 1987a *apud* MASSE; MASSE, 2007, p. 193).

Como se vê em tais relatos, feitos por mocovíes e povos vizinhos, esses nativos muito provavelmente testemunharam um verdadeiro cataclismo causado pela queda de uma gigante "estrela do céu", que, para eles, foi enviado pelos seres poderosos que habitavam *piguem*. Assim, caso fosse noite, provavelmente virou dia com o brilho intenso e, caso fosse dia, provavelmente os guaicurus viram a chegada de um "segundo" Sol.

Hoje, a suspeita é que os ancestrais dos povos guaicurus presenciaram a chegada de um dos maiores meteoritos já encontrados aqui na Terra, que recebeu o nome de Campo del Cielo. Como cita Masse e Masse (2007), o que surpreende é a causa declarada do incêndio em massa explicitamente conectada a uma causa cósmica, e não terrena, em quatro mitos encontrados na região do Chaco. E, apesar de muitas discussões em torno de quedas meteóricas causarem incêndios em larga escala, o evento do meteorito Tunguska, em 30 de junho[107] de 1908, na região da Sibéria, não deixou muitas dúvidas a esse respeito quando se trata de grandes massas.

Esse evento catastrófico na Sibéria liberou uma energia a uma altitude de 6 a 12 quilômetros na atmosfera terrestre, com magnitude aproximada 500 vezes maior do que as bombas atômicas de Hiroshima e Nagasaki, ou

---

[105] Fitzrkrjíc: considerado pelos Nivaklé (povo indígena do Gran Chaco) como vivendo no céu.

[106] Demiurgos: nome do deus criador, na filosofia platônica. Qualquer ser que represente uma divindade.

[107] 30 de junho: Dia do Asteroide (Asteroid Day). Em 2016, as Nações Unidas proclamaram 30 de junho como o Dia Internacional do Asteroide para aumentar a conscientização sobre os asteroides e os esforços de defesa planetária.

seja, equivalente a energias entre 10 e 15 megatons (Mt). Com isso, em torno de 80 milhões de árvores foram derrubadas, e incêndios também foram iniciados a uma distância de, aproximadamente, 10 a 15 quilômetros do epicentro da explosão, causando destruição em uma área de mais de 2 mil km². Felizmente, o evento de Tunguska ocorreu em uma área pouco povoada da Sibéria, no atual distrito de Evenkiysky, no Kray de Krasnojarsk[108], mas foi visto e experimentado por milhares de moradores locais, alguns residindo dentro da área de queda de árvores, como descrito em Jenniskens *et al.* (2019). O relato das testemunhas locais surpreende com a semelhança das citações de fogo e pedras caindo em meio aos mitos dos povos antigos, reforçando a teoria de que os indígenas sabiam da "origem" de suas "estrelas caídas do céu". A seguir, o testemunho dado por Leonid Kulik (1883-1942), um mineralogista russo conhecido por suas pesquisas sobre meteoritos.

> Na hora do café da manhã, eu estava sentado ao lado da casa no Posto Comercial Vanavara (65 quilômetros/40 milhas ao sul da explosão), de frente para o norte... De repente, vi que diretamente ao norte, sobre a estrada Onkoul's Tunguska, o céu se dividiu em dois e o fogo apareceu alto e largo sobre a floresta. A divisão no céu ficou maior e todo o lado norte ficou coberto de fogo. Naquele momento fiquei tão quente que não aguentei, como se minha camisa estivesse pegando fogo; do lado norte, onde estava o fogo, vinha o calor forte. Eu queria arrancar minha camisa e jogá-la para baixo, mas então o céu se fechou e um forte baque soou, e eu fui arremessado alguns metros. Perdi os sentidos por um momento, mas depois minha esposa saiu correndo e me levou até a casa. Depois veio esse barulho, como se pedras estivessem caindo ou canhões disparando, a terra tremeu e, quando eu estava no chão, pressionei minha cabeça para baixo, temendo que pedras a quebrassem. Quando o céu se abriu, o vento quente correu entre as casas, como de canhões, que deixou vestígios no chão como caminhos, e danificou algumas plantações. Mais tarde, vimos que muitas janelas foram quebradas e, no celeiro, uma parte da fechadura de ferro quebrou. (THE SIBERIAN TIMES, 3 de maio de 2013).

Infelizmente, praticamente nenhum fragmento do Tunguska foi encontrado, tendo ele sido totalmente vaporizado com a magnitude da explosão. Apenas algumas pequenas esférulas milimétricas, contendo Fe com, apro-

---

[108] Krasnojarsk: mesmo local onde foi encontrado, em 1749, o primeiro meteorito misto (metálico e rochoso), descrito por Peter Pallas, em 1771. Por essa razão, esse meteorito se chamou Krasnojarsk, e o grupo de meteoritos mistos foi chamado de Palasito (Pallasite).

ximadamente, de 7 a 10% de Ni (composição de meteorito metálico), foram encontradas durante um estudo de solo na região, em 1957, de acordo com o *Meteoritical Bulletin Database*. Eventos como esse são esperados acontecer em um período de 1 mil a 20 mil anos, sendo então possível os nativos da região do Chaco terem testemunhado a queda do Campo del Cielo, que, pela idade calculada pelo método usando C14, ocorreu há 4 mil anos.

Não à toa, tais eventos naturais serviram como fonte de inspiração para a construção das narrativas encontradas nas mitologias indígenas que sobrevivem até hoje. Muitas dessas tradições orais nativas americanas foram catalogadas durante o período de 1970-1992, pela Universidade da Califórnia de Los Angeles (UCLA), que acumula mais de 4 mil mitos de 31 sociedades indígenas sul-americanas, representando 20 grandes grupos culturais, como cita Masse e Masse (2007). Elas foram concentradas em uma série de 24 volumes, intitulada *Folk Literature of South American Indians*, por Wilbert e Simoneau, em 1992. Os mitos da "queda do céu" e da "grande escuridão" são os que mais prevalecem na região do Gran Chaco. Antenor Alvarez[109], em seu trabalho de 1926, já havia suspeitado de tal conexão dos índios com quedas de meteoritos, fazendo a seguinte citação: "A tradição desta tribo (toba) também conta que, um dia o Sol caiu do céu, incendiando para as florestas e que as tribos foram salvas transformadas em jacarés; uma lenda nascida, sem dúvida, da queda do soberbo meteorito" (GIMÉNEZ BENITEZ; MARTÍN; ANAHÍ, 2000, p. 2).

Além disso, Alvarez também menciona rituais indígenas envolvendo o meteorito Campo del Cielo, transcrito e traduzido por Cassidy e Renard (1996). Contudo, mesmo sem ter a fonte da história no trabalho de Alvarez, ambos acreditam que ela contenha em seu interior uma descrição verdadeira da queda do meteorito. Como eles explicam, o contador de histórias nativo pode ter tido alguma dificuldade em encontrar palavras para especificar esse evento tão incomum. Mais ainda, o tradutor também poder ter tido dificuldade em fazer uma descrição precisa de uma queda tão múltipla sem inserir algumas suposições surgidas dentro de seu próprio contexto cultural sobre o misticismo dos povos primitivos. Assim, Alvarez descreve:

> O meteorito do Chaco era conhecido desde a antiguidade americana através de histórias dos índios que habitavam as províncias de Tucumáin. Esses índios tinham trilhas e estradas

---

[109] Antenor Álvarez (1864-1948): médico, cientista, sanitarista, higienista e político argentino. Completou seus estudos primários e secundários em sua província de origem, Santiago del Estero. Realizou estudos sobre a história do meteorito Campo del Cielo.

> facilmente percorridas que partiam de certos pontos a mais de 50 léguas de distância. convergindo para a localização do bólido. As tribos indígenas do distrito reuniram-se aqui em inútil e vaga veneração ao Deus do Sol, personificando seu deus nessa misteriosa massa de ferro, que acreditavam emanar da magnífica estrela. E ali (Campo del Cielo) em suas histórias das diferentes tribos de suas batalhas, paixões e sacrifícios, nasceu uma bela e fantástica lenda da transfiguração do meteorito em um determinado dia do ano em uma árvore maravilhosa, flamejando aos primeiros raios do sol com luzes brilhantes e radiantes e ruídos como cem sinos, enchendo o ar, os campos e os bosques de sons metálicos e melodias ressonantes às quais, diante do magnífico esplendor da árvore, toda a natureza se curva em reverência e adoração ao Sol (CASSIDY; RENARD, 1996, p. 443).

Cassidy e Renard (1996) extraíram uma interpretação científica plausível da descrição anterior dada por Alvarez:

> Um enorme meteoroide entrou na atmosfera terrestre e, em parte de sua trajetória, se partiu em muitos fragmentos. Cada fragmento brilhava tão brilhante quanto o Sol e deixava um rastro esfumaçado atrás dele. Isso explicaria as "luzes brilhantes e irradiantes" e a "árvore maravilhosa", cujo tronco era o caminho do meteoroide original e cujos galhos eram os caminhos dos fragmentos. O som de impactos formadores de crateras seguido de uma cacofonia de estrondos sonoros poderia explicar os "ruídos como cem sinos, enchendo o ar, os campos e os bosques de sons metálicos e melodias ressonantes". À luz de nossa compreensão atual dos fenômenos que acompanham uma queda de meteorito de proporções tão impressionantes, a lenda dos ameríndios sobre a queda pode ser um relato particularmente preciso de testemunhas oculares de observadores próximos. Se assim for, pode-se dar crédito cauteloso à frase "inflamando-se aos primeiros raios de sol", o que sugere que ocorreu perto do amanhecer, dê ou leve algumas horas (CASSIDY; RENARD, 1996, p. 443).

Diante de todos esses relatos, descrições e interpretações, difícil não imaginar que os povos guaicurus da região do Gran Chaco não foram testemunhas oculares de um dos eventos catastróficos mais impressionantes que ocorreu na América do Sul, deixando sua marca no solo, na história, além dos seus preciosos fragmentos. Esse testemunho foi passado de geração a geração e ficou marcado na memória tribal ligada à Criação ou a outros mitos. O uso do seu ferro meteorítico pelas tribos locais passou a fazer parte da sua cultura, na qual os meteoritos representavam a conexão entre o homem e a esfera celeste, que, para eles, estruturava todo o seu mundo. Contudo, esse mundo vivido até então seria ameaçado por influências externas que estariam por vir do outro lado do oceano, que nem eles mesmos conheciam.

Mais uma Vez os Espanhóis

O estuário[110] entre os rios Paraná e Uruguai e o Oceano Atlântico, antes chamado de *Mar Dulce* por Juan Diaz de Solis[111], hoje é conhecido como *Rio del Plata*, ou Rio da Prata. Esse nome lhe foi dado por ter sido um grande portal para os europeus que ali chegavam em busca dos cobiçados metais preciosos, como o ouro e a prata do Novo Mundo. O início do século XVI foi uma verdadeira corrida pela conquista de territórios e das riquezas encontradas nas novas terras coloniais de portugueses e espanhóis no período das Grandes Navegações. Assim, não tardaria para que relatos de Montanhas de Prata no interior daquelas terras fizessem navegantes mercenários desbravar e se aventurar pelos caminhos tortuosos das margens dos rios, caminhar por regiões como o Chaco e chegar aos Andes, o que foi os territórios incas.

Dessas aventuras pioneiras pelo Sul do Novo Mundo, além de Solis, comido pelos nativos, figuras lendárias como Aleixo Garcia (?-1525), Sebastião Caboto (1476-1557) e Álvar Núñez Cabeza de Vaca (1490-1557), assim como o Porto dos Patos em Santa Catarina, ficariam marcadas na história das conquistas ibéricas nessa região. Tempos depois, outros personagens desbravariam essas terras desconhecidas e encontrariam outro tipo de tesouro dos indígenas, escondido nos campos do Gran Chaco argentino, como descreve McCall, Bowden e Howarth (2006).

Essa nova descoberta começaria em 1576, na região do Chaco, mais precisamente no Norte da Argentina[112]. O capitão Hernán Mejía de Mirabal (1531-1596), a mando do então governador da província de Tucumán, Gonzalo de Abreu y Figueroa (1530-1581), fora encarregado de procurar um tal "ferro do céu" de que tanto os nativos falavam. Mirabal era um alto

---

[110] Estuário: o estuário é uma zona alagada caracterizada como um ambiente de transição entre as águas do rio e do mar.

[111] Juan Diaz de Solis (1470-1516): comandante espanhol que liderou a expedição em 1512, a mando do rei Fernando, o Católico, com o objetivo principal de encontrar uma passagem para o Oceano Pacífico ao sul da América do Sul. Morreu durante a expedição em decorrência do ataque de uma tribo indígena, onde acabou sendo comido pelos nativos na costa uruguaia do Rio da Prata, segundo relato do historiador espanhol Antonio de Herrera.

[112] Argentina: país sul-americano, cujo nome deriva do latim argentum, que significa prata.

encarregado da Coroa espanhola, que ajudou a fundar muitas cidades, inclusive Santiago del Estero, sendo hoje a cidade mais antiga da Argentina. Com as ordens, ele então se dirigira para Otumpa, região mais ao sul, que atualmente divide as atuais províncias de Chaco e Santiago del Estero, em busca do local onde os indígenas obtinham o metal do céu para fazer as pontas de suas lanças e flechas.

Os guaicurus da região diziam que aquele ferro estava em um local que eles denominaram de *Piguem Nonraltá*, que os espanhóis traduziram como *Campo del Cielo*, para nós, Campo do Céu. Com apenas oito homens, Mirabal começou sua marcha longa e perigosa, tendo, inclusive, se deparado com indígenas canibais, até encontrar uma enorme massa de metal, projetando-se do solo. No início, pensara ser algum veio de prata, mas depois percebeu ser uma massa de ferro, tirando-lhe pequenas amostras, a qual um ferreiro de Santiago del Estero descreveu como um ferro de pureza incomum. Seu relatório sobre a expedição e o novo metal encontrado, desconfiando tratar-se de uma mina, foi arquivado em *Archivo General de Indias,* em Sevilha, e lá permaneceria intocado pelos próximos 340 anos, segundo McCall, Bowden e Howarth (2006).

No entanto, os índios continuavam com suas armas e seus artefatos fabricados com esse ferro estranho, que inspirava algumas de suas lendas. Até que, em 1774, intrigados com essas histórias, uma nova expedição foi enviada, agora liderada por Don Bartolomeu Francisco de Maguna, que, por sua vez, encontrou a mesma massa de ferro de Mirabal. A esse ferro um tanto peculiar, o capitão deu o nome *de Mesón de Fierro.* Como anteriormente, uma nova amostra foi tirada, contudo, agora analisada em Madri, que afirmou ter uma composição de 80% de ferro e 20% de prata, este último erroneamente detectado. Esse fato, obviamente, fez com que os espanhóis voltassem sua atenção para a região do Chaco, acreditando ali estar enterradas grandes riquezas naturais. Por conta disso, poucos anos depois, expedições como os do Don Francisco de Ibarra, em 1779, e do tenente Rubin de Celis, em 1783, empenharam-se em coletar mais fragmentos do *Mesón.*

De Celis, que era da Real Armada Espanhola, liderou em torno de 200 homens em sua missão, com a promessa de fundar uma colônia no local. Chegando às redondezas da grande massa de ferro, cavou trincheiras e explodiu pólvoras nos buracos, como contam McCall *et al.* (2006). Porém, o que De Celis observou é que a massa de metal não se enraizava pelas profundezas da terra, fazendo-o descartar a possibilidade de uma mina natural de metais preciosos e desistir completamente de sua empreitada. Em seu relatório final, desenhou um mapa de sua rota, indicou a localização do *Mesón de Fierro* e supôs tal massa, pesando cerca de 15 toneladas, ser oriunda de um vulcão das redondezas do Gran Chaco. Além disso, enviou suas amostras para a Royal Society, em Londres, que publicou seu relatório em inglês e enviou algumas gramas para Madri, que foram analisadas pelo químico francês Josef-Louis Proust (1754-1826). Nessa última análise, uma composição mais próxima à real foi obtida, tendo Proust encontrado cerca de 90% de ferro e 10% de níquel. Importante aqui novamente ressaltar que, nesse período, para os europeus, ferro do céu era mito de gente inculta que criava histórias. No entanto, essas tais "lendas" já estavam com os dias contados e logo viriam a ter as comprovações científicas importantes no movimento iluminista do século XVII e XVIII.

Infelizmente, desde então, nunca mais o *Mesón de Fierro* foi encontrado nos dois séculos de procura que se seguiram, mesmo utilizando tecnologias disponíveis, como magnetômetros. Especula-se, inclusive, que Miraval, de Maguna e de Celis podem ter encontrado massas diferentes do que veio a ser identificado anos depois como meteorito Campo del Cielo. Como cita Marvin (1996), Proust pode ter sido o primeiro a realizar a análise de níquel em um meteorito metálico, talvez até mesmo antes de Edward Howard, no evento da queda do meteorito de L'Aigle, em 1803, que veremos mais adiante e comprovou a origem extraterrestre de rochas e metais. Dessa maneira, após tal descoberta científica, o relatório do capitão Hernán de Mirabal de 1576 foi desenterrado dos arquivos na década de 1920 e classificado como o registro mais antigo de um meteorito pelos europeus nas Américas.

O Meteorito Campo del Cielo

Atualmente, com o reconhecimento e a taxonomia desenvolvida para os diferentes meteoritos, foi possível classificar o Campo del Cielo como um membro do grupo principal de meteoritos de ferro IAB-MG, tendo estrutura variando de Octaedrito Muito Grosseiro à Hexaedrito (ver Apêndice 1), de acordo com Wasson (2019). A sua composição química é considerada incomum, quando comparada com outros IAB-MG devido à sua alta concentração do elemento-traço irídio (Ir entre 3,2 e 4,1µg/g). Além disso, o Campo del Cielo também é rico em inclusões de silicato, que pode ter sido um fator que facilitou a quebra da massa principal em vários pedaços que foram espalhados em um campo de dispersão.

Imagem 29 – Região do Gran Chaco argentino em vermelho

Fonte: commons.wikimedia.org

Com isso, Cassidy *et al.* (1965) e Cassidy e Renard (1996) estudaram o local da queda dos diversos fragmentos gerados, estando eles localizado a, aproximadamente, 860 quilômetros a noroeste da capital argentina Buenos Aires, em uma área delimitada por 27° 30' e 27°40' de latitude sul e 61°30' e 61°50' de longitude oeste. A cidade mais próxima é Gancedo, que é uma extensão semiárida para o norte dos férteis pampas que cercam Buenos Aires. Seus estudos identificaram, pelo menos, 20 crateras alongadas dentro de uma elipse com 3 quilômetros de largura e 18,5 quilômetros de comprimento, com a possibilidade de haver mais de acordo um sensoriamento remoto feito na região. Eles determinaram, inclusive, alguns parâmetros do evento da queda, como o ângulo baixo de entrada a 9° do horizonte, velocidade pré-atmosférica de 22,8 km/s e velocidade de impacto variando de 1,7 a 4,3 km/s. Liberman *et al.* (2002) calcularam o tamanho pré-atmosférico do meteoroide, estimando um raio de 300 cm com peso aproximado de 840 toneladas.

A idade terrestre do Campo del Cielo é de 4 mil anos, calculada por Liberman e autores, sendo cerca de 10 mil anos após a chegada do *Homo Sapiens* a essa parte da América do Sul, como cita Wasson (2019). Esse dado reforça a crença da possibilidade de os nativos dessa região terem testemunhado seu evento de queda e assim criado suas lendas e seus rituais em torno do ferro que supostamente viram cair do céu, como já citado em um trecho de Cassidy e Renard (1996).

A massa total recuperada do Campo del Cielo é estimada em 115 toneladas, tornando-o o maior meteorito caído na Terra. Todavia, o meteorito metálico Hoba, na Namíbia, é o maior fragmento inteiro até hoje encontrado, pesando mais de 60 mil kg. De qualquer modo, o meteorito Chaco, que faz parte do Campo del Cielo, é o segundo maior fragmento do mundo, pesando mais de 37 toneladas. Ele foi encontrado, em 1980, dentro da Cratera nº 10 conhecida como Gómez. Assim, muitos dos fragmentos do Campo del Cielo hoje estão espalhados pelo mundo, fazendo parte de coleções em diversos museus, como também compondo a coleção particular dos amantes da astronomia. Além disso, o Campo del Cielo está presente em muitas joias e muitos adornos, como o "pingente da sorte" usado por uma das autoras do livro, sendo uma "pedra" um tanto especial, pelo menos a mais antiga de todas as encontradas na Terra, com seus mais de 4,5 bilhões de anos.

Imagem 30 – Fragmento do Campo del Cielo (Chaco) com 37 toneladas.

Fonte: Leidiane Ferreira

11

Ensisheim: o Meteorito enviado por Deus que "venceu" a batalha contra os franceses

O meteorito caído em Ensisheim, que a princípio foi considerado uma obra do diabo, tornou-se famoso quando o imperador Maximiliano I acreditou ter sido uma mensagem de boa sorte enviada por Deus. Ele levou um pedaço do "sinal de Deus" para o campo de batalha na disputa do território herdado por sua primeira esposa Maria, a Duquesa da Borgonha. Após dois meses de o sinal divino cair em Ensisheim, Maximiliano enfim ganhou a luta contra os franceses, que durava mais de 15 anos. Assim, com a batalha vencida, a lenda do meteorito foi contada em diversos livros, sobrevivendo há mais de cinco séculos de história. Por isso, o Histórias de Meteorito ou Meteoritos na História? vai te fazer voltar para o Velho Mundo e embarcar em mais esta viagem no tempo.

Fonte: Marvin (1992)

Presente de Deus ou Obra do Diabo?

Era uma manhã do dia 7 de novembro do ano de 1492, pelo então calendário juliano[113], por volta das 11:30 na cidade de Ensisheim – Alsácia Francesa (naquela época, ainda pertencia à Alemanha e ao Sacro Império romano-germânico). De repente, uma rocha lançada sobre a Terra rasgou o céu e causou um enorme estrondo que ecoou por mais de 150 quilômetros. Ela caiu sobre um campo de trigo, onde só um menino foi testemunha, que logo tratou de contar sua história na cidade que estava toda em polvorosa com aquele barulho. Rapidamente, o povo quase todo já sabia e logo correu para ver de perto aquele fenômeno estranho. Quando chegaram, viram um buraco com quase 1 metro de profundidade que tinha uma pedra escura dentro, perto da estrada que levava para cidade de Battenheim. O povo não demorou em tirar aquela pedra dali, escavando e recuperando ele intacto. Porém, como uma cidade que seguia os preceitos católicos, acreditando ser um sinal de Deus, seus habitantes começaram a cortar pedaços para guardar como talismãs. O magistrado local, nomeado pela Igreja, ficou furioso com tal ato, pois o objeto podia ser realmente um presente divino, mas também poderia ser a obra do diabo. Ele ordenou que o meteorito fosse removido para Eisenheim e preso em correntes, temendo que o ele decidisse voar de volta ao seu mestre satânico.

Nesse contexto, Maximiliano I (1459-1519), filho do sacro imperador romano-germânico Frederico III (1415-1492), aos 33 anos, tinha o grande título de Rei dos Romanos. Assim, no dia 26 de novembro, estava a caminho da batalha contra os franceses em defesa do território borgonhês herdado por sua esposa Maria, filha de Carlos I – O Temerário –, o Duque de Borgonha (1433-1477). Por meio dos rumores pela cidade, sabendo da misteriosa pedra, Maximiliano logo ordenou que ela fosse transferida para seu castelo real, perto da muralha da cidade.

---

[113] Calendário Juliano: foi desenvolvido, durante o governo do imperador romano Julio Cesar, pelo astrônomo Sosígenes de Alexandria. Entrou em vigor em 1º de janeiro de 45 a.C., substituindo o Calendário Romano lunissolar, com 10 meses e 304 dias, baseado no Sol e na Lua. Este novo calendário se baseava apenas no ciclo solar, tendo 365 dias e 12 meses, inclusive com ano bissexto a cada quatro anos, para compensar as seis horas a mais não contadas a cada ano. Em 1582, o Papa Gregório XIII fez modificações, chamando-o de Calendário Gregoriano, usado atualmente pela maioria dos países ocidentais e da fé cristã. A principal mudança se deu para corrigir o desfasamento do calendário juliano em relação à data inicial do equinócio da primavera, suprimindo, assim, 10 dias do antigo calendário, a partir de 4 de outubro de 1582, que retomou a contagem no dia 15 de outubro do mesmo ano.

Imagem 31 – Retrato do imperador Maximiliano, por Albrecht Dürer

Fonte: commons.wikimedia.org

Nos dias que se seguiram, após se convencer de que o meteorito era um presente de Deus e um sinal de boa sorte, Maximiliano devolveu a pedra ao povo de Ensisheim. Sua ordem era que eles deveriam preservá-lo em sua igreja, como eterno testemunho desse grande evento milagroso, lembrando a todos de sua origem celestial. Porém, antes arrancou dois fragmentos, um dos quais guardava para si e o outro que deu ao seu amigo, o arquiduque Sigismund da Áustria (1427-1496). Assim, ele seguiu para suas batalhas para lutar por seu território.

Imagem 32 - "O horrendo raio de Ensisheim", da Crônica pictórica de Lucerna por Diepold Schilling, de 1513

Fonte: Marvin (1992)

A Guerra da Borgonha

O Reino da Borgonha foi uma das mais importantes províncias semi-independentes do Reino da França no século XV, composta pelos seguintes territórios: o Ducado (Borgonha) e o Livre-Condado (Franche--Comté) de Borgonha; o Ducado de Luxemburgo; Picardia, Artois, Flandres e os Países Baixos. Após a morte de Carlos I, em 1477, deixando a região para sua única herdeira Maria, a duquesa de Borgonha (1457-1482), o Rei da França Luís XI (1423-1483) logo entraria na disputa pela retomada do domínio real. Nesse mesmo ano, Maria se casou com Maximiliano I, um importante governante do Sacro Império romano-germânico, formado pela coroação de Carlos Magno[114], pelo Papa Leão III (750-816), como

---

[114] Carlos Magno – o Grande (742-814): considerado o Pai da Europa, foi rei dos francos e lombardos e enfim imperador romano reconhecido por governar a Europa ocidental desde a queda do Império romano do Ocidente cerca de três séculos antes.

uma tentativa de restaurar o antigo Império romano do Ocidente. Dessa maneira, formou-se uma monarquia feudal que existiu na parte do Norte e Central da Europa, entre os anos 800 e 1806. Assim, visando à expansão do domínio da casa dos Habsburgo, Maximiliano assumiu a defesa dos territórios borgonheses e lutou contra as tropas francesas em várias batalhas e cercos.

Com esse cenário, em 1477, estava decretada a Guerra da Borgonha, travada entre Maximiliano I e Luís XI, a qual teria fim apenas em 1482, sem efetivamente nenhum lado vitorioso. Após a derrota da França na batalha de Guinegate, em 1479, e a morte repentina de Maria, em 1482, o que fez Maximiliano perder apoio, os lados antagonistas da guerra acordaram o que se chamou *Paz de Arras*[115], em 23 de dezembro de 1482. O tratado determinou que Maximiliano ficaria com os Países Baixos (atualmente, Holanda e Bélgica), e o Luís XI, com o Ducado de Borgonha (Sul-Sudeste da França) e a Picardia (Norte da França). A duquesa de Borgonha deixou dois herdeiros ainda crianças, Felipe, o Belo (1482-1506), herdeiro dos Países Baixos, e Margarida da Áustria (1480-1532), prometida no tratado para se casar com o Delfim Carlos, recebendo como dote a região do Artois e a Franche-Comté, firmando o vínculo entre as duas dinastias.

Contudo, um ano após o acordo, o rei da França morreu, e seu herdeiro Carlos VIII (1470-1498) noivou com Anna de Bretanha (1477-1514), em 1491. Ele ainda era legitimamente noivo de Margarida, e Anna era a segunda esposa de Maximiliano, por procuração a partir de 1490. Essa situação ocorreu, principalmente, pelo desconforto dos franceses com a união de Anna com um inimigo francês, em que Maximiliano, ocupado em batalhas na Hungria, falhou em auxiliar sua esposa. Anna, em uma posição desfavorável, aceitou casar-se com Carlos VIII, culminando no acordo matrimonial que visava à anexação do feudo herdado por ela ao domínio francês. Nessa história confusa, Margarida, que havia se mudado para França desde os 3 anos de idade, não se tornara rainha e ainda ficaria presa em território francês por mais dois anos.

---

[115] Paz de Arras: segundo tratado de paz assinado no século XV. O primeiro Tratado de Arras se deu na cidade francesa de Arras, no final da Guerra dos Cem Anos (1337-1453). Ele foi assinado em 1435, pela França, Inglaterra e pelo Ducado da Borgonha.

Imagem 33 – A divisão das terras da Borgonha entre a França e os Habsburgos, entre 1477 e 1493.

Fonte: Marco Zanoli, acervo do commons.wikimedia.org (2017)

Em vista do não cumprimento de parte do acordo, as tensões novamente se agravaram entre os reis da França e o imperador romano-germânico. Foi nesse contexto político que Maximiliano, ao passar pela cidade de Ensisheim, indo em direção a mais uma batalha contra Carlos VIII, se deparou com a pedra do céu, que, para ele, era um sinal divino da sua vitória. Sua superstição acabou tornando-se realidade. Assim, no dia 19 de janeiro de 1493, dois meses após a queda do meteorito, finalmente as tropas de Maximiliano saíram vitoriosas na sua batalha contra os franceses, que ocorreu perto de Senlis, na Franche-Comté. Por conta disso, no dia 23 de maio de 1493, realizou-se o Acordo de *Paz de Senlis*, que resumidamente possuía as seguintes determinações: Margarida, filha de Maximiliano, pôde voltar para os Países Baixos; seu dote, a Franche-Comté, assim como o Artois, foi devolvido a seu pai, e a França permaneceu na posse do Ducado de Borgonha e da Picardia. Dessa maneira, chegou ao fim décadas de disputa entre as dinastias Valois[116] e Habsburgo[117].

Com isso, Felipe, o Belo, filho de Maximiliano, se casaria, em 1496, com Joana de Castela (1479-1555), que, por sua vez, era filha dos reis católicos Fernando II de Aragão (1452-1516) e Isabel I de Castela (1451-1504). Foi dessa união entre os Reinos de Aragão e Castela, inclusive, que se formaram as bases para o que viria a ser a Espanha moderna e o Império espanhol, após o longo período da Reconquista[118] dos cristãos sobre as terras da Península Ibérica, antes invadido pelos muçulmanos do Califado Omíada[119]. Com a morte de Isabel I e a instabilidade mental de sua esposa Joana para assumir o trono, Felipe se tornou o primeiro da dinastia dos Habsburgo na liderança do Reino da Espanha. Contudo, com sua morte repentina, em 1506, quem assume o Reino é seu filho Carlos, neto do imperador Maximiliano I do Sacro Império romano-germânico, tornando-se o Senhor dos Países Baixos como Duque da Borgonha, Carlos I da Espanha, em 1516, e Carlos V da Alemanha, em 1519.

Logo, na figura de Carlos V, curiosamente, três histórias de meteoritos do nosso livro encontram-se, como o Ensisheim, o Toluca e a Pedra Negra de Kaaba. Primeiramente, o Califado Omíada foi o segundo dos quatro

---

[116] Dinastia Valois: umas das mais importantes dinastias, governou a França de 1328 a 1589. Sob seu comando, a França enfrentou a Inglaterra na Guerra dos Cem Anos (1337-1453), quando contou com Joana D'Arc na luta contra os ingleses.

[117] Dinastia Habsburgo: conhecida como Casa da Áustria, reinou de 1278 a 1918. Foi a dinastia soberana de vários estados e territórios, sendo uma das mais influentes da história da Europa do século XIII ao XX. A imperatriz Maria Leopoldina da Áustria, casada com o imperador D. Pedro I, foi representante dos Habsburgo no Brasil.

[118] Reconquista: processo de recuperação de territórios dos Reinos ibéricos (Espanha e Portugal, principalmente) perdidos para o Império islâmico, no ano de 711. Após séculos de lutas, sob o comando de Fernando II e Isabel I, o Reino de Granada enfim expulsa o último líder muçulmano da Península Ibérica, em 1492.

[119] Califado Omíada: após a morte do profeta Maomé, os principais califados foram: Ortodoxo (632-661), Omíada (661-750/1031), Abássida (750-1258/1517), Fatímida (910-1171). Damasco se tornou capital durante o Reinado *de Mu'awiya ibn Abi Sufya*n, governador da Síria, que se proclamou califa e fundou o califado Omíada.

principais califados islâmicos após a morte de Maomé, o mesmo que beijou e colocou a Pedra Negra em um dos cantos da Kaaba em Meca. Além disso, ele sendo neto de Maximiliano I, que levou o meteorito de Ensisheim como talismã para sua batalha, foi Carlos V quem recebeu as cartas de Hernán Cortês com a descrição do que vira no Novo Mundo, como as surpreendentes armas de ferro do meteorito Toluca dos Astecas.

A Fama de Ensisheim

Tudo começou com um satirista e poeta chamado Sebastian Brant (1457-1521). Quando a pedra caiu, Brant morava em Basiléia, apenas 40 quilômetros ao sul de Ensisheim. Ele acreditava que a queda era um sinal divino em favor do Rei Maximiliano e um mau presságio para seus inimigos, ainda no final de 1492. Ele descreveu o meteorito e sua queda no poema "Folhas Soltas" e no Fólio 257 da "Crônica de Nuremberg", com versos em latim e alemão, que foram publicados pelas recentes gráficas que surgiram na Europa Medieval.

Ensisheim foi a primeira queda testemunhada após a invenção da impressão mecanizada por Johann Gensfleisch Guttenberg (1397-1468) na Alemanha, durante a década de 1450. Isso fez com que, em poucas semanas, folhetos ilustrados com dramáticas xilogravuras contando a incrível história do meteorito de Ensisheim fossem impressos e distribuídos em três cidades da região. Uma parte do meteorito também foi enviada ao Cardeal Piccolomini (1439-1503), que, mais tarde, se tornou Papa Pio III por um curto tempo, junto de vários versos relacionados, escritos por Brant.

Embora a identidade do artista que projetou as xilogravuras para os trabalhos de Brant permaneça desconhecida, a sugestão foi de que poderiam ter sido feitas por Albrecht Durer (1471-1528), o qual passou a última parte de 1492 em Basileia. Durer já havia feito xilogravuras para outros poemas de Brant e, aparentemente, deu sua própria impressão da bola de fogo de Ensisheim. No entanto, esse trabalho permaneceu praticamente desconhecido do mundo da arte até 1960, quando um pequeno painel representando o *Penitente São Jerônimo* foi descoberto em uma particular coleção de Sir Edmund Bacon (1903-1982), na Inglaterra. Na parte de trás do painel, existia uma imagem vívida de uma bola de futebol amarelada atravessando nuvens agitadas e explodindo em raios vermelho-laranja. Essa é a única pintura conhecida dedicada inteiramente a esse evento e constitui uma evidência poderosa de que esse grande artista pessoalmente testemunhou a explosão da bola de fogo de Ensisheim.

Imagem 34 – A explosão da bola de fogo de Ensisheim pintada por Albrecht Durer. O registro do evento foi pintado no verso de um painel representando o *Penitent St. Jerome*, datado de 1494.

Fonte: Marvin (1992)

Desde o início, a queda da pedra em Ensisheim foi vista como um evento de significado extraordinário, e a história foi repetida em manuscritos e livros pelos 500 anos que se seguiram. Ele foi listado em alguns livros junto a eventos de grande relevância, como a morte do Papa Inocêncio III (1161-1216) e a sucessão do Papa Alexandre VI (1431-1503) pelo Cardeal Piccolomini; em outros, é o único evento listado para o ano de 1492.

O Meteorito de Ensisheim após a Revolução

Em 1789, a cidade de Ensisheim, já pertencente ao território francês, viu a França ser dilacerada pela Revolução Francesa[120] e se tornar uma república, um ano depois. Em 1793, os revolucionários franceses pegaram

---

[120] Revolução Francesa: alimentado pelos ideais iluministas, foi um movimento revolucionário entre 1789 e 1799, quando a população se revoltou contra a monarquia absolutista. Apesar da luta legítima, uma ala dos rebeldes tornou-se radical, guilhotinando reis, membros da corte e nobres que consideravam inimigos, como o Pai da Química, Antoine Lavoisier, que morreu em 8 de maio de 1794.

o meteorito para exibi-lo na *Bibliotheque Nationale* em Colmar, para que um número maior de cidadãos da República pudesse vê-lo. Ele permaneceu ali até 1803 – o ano da queda do meteorito L'Aigle –, quando foi devolvido à Igreja em Ensisheim. A Igreja, infelizmente, entrou em colapso em 1854, e o meteorito foi transferido para o Hotel de Ville, onde permanece atualmente.

Assim, o meteorito de Ensisheim sobreviveu incólume à Guerra dos Trinta Anos, à Revolução Francesa, à Grande Guerra e à Segunda Guerra Mundial, mas não aos supersticiosos, cientistas e amantes de meteoritos. Hoje, uma amostra de 55,75 kg do meteorito, que inicialmente já pesou 127 kg, foi classificada como um condrito ordinário brechado LL6 (ver Apêndice 1) com grandes manchas de crosta de fusão. Essa foi a primeira queda de meteorito oficialmente testemunhada no Ocidente e a segunda mais antiga do mundo, sendo superada apenas pelo meteorito Nogata, que caiu em 19 de maio de 861 d.C.

A Irmandade

Há poucas evidências de qualquer veneração a cultos meteoríticos na Europa nos últimos 1500 anos. Muito do que temos de história dos meteoritos na Antiguidade são em hieróglifos do antigo Egito, em textos sumérios do Oriente Próximo, adorações no Império macedônico, na República de Roma e até no mundo muçulmano, como sendo a casa de Deus. A influência norteadora do cristianismo condenou todos os rituais e as crenças pagãs durante a Idade Média, deixando apenas vestígios de religiões e costumes anteriores. Mesmo assim, o meteorito de Ensisheim sobreviveu com toda a sua história, podendo ser apreciado por quem visitar o Hotel de Ville, em Ensisheim, na Alsácia Francesa. Lá, ele permanece cuidadosamente vigiado pela "Irmandade de São Jorge dos Guardiões do Meteorito de Ensisheim". Em sua placa, a seguinte mensagem é deixada pelos guardiões para seus visitantes: "Muitos sabem muito sobre esta pedra, todo mundo sabe alguma coisa, mas ninguém sabe o suficiente".

Fundada em 1984, a Irmandade cuida pessoalmente de tudo o que se relaciona com o meteorito, desde a acompanhá-lo a outras regiões para exibição, ou até mesmo ensinando as próximas gerações a organizarem a feira que ocorre anualmente em Ensisheim, onde o meteorito é sempre celebrado. Esse grupo de guardiões é constituído por residentes locais nomeados, que juraram protegê-lo. Contudo, nos últimos anos, durante a feira anual *Mineral & Gem à Sainte-Marie-aux-Mines*, que ocorre geralmente no mês de junho, também acontece o chamado *Confrérie des Guardiens de la Météorite d'Ensisheim*, no qual se nomeia personalidades mundiais ligadas diretamente à preservação dos meteoritos e de sua história. Em 2019, o evento premiou, com esse importante título, o maior colecionador de meteoritos do Brasil, André Moutinho, e a maior especialista de meteoritos brasileira, a astrônoma e Dr.ª Maria Elizabeth Zucolotto, também curadora da coleção de meteoritos do Museu Nacional do Rio de Janeiro e autora do livro. O mais incrível desse evento é que é possível comprar e trocar lindos minerais e meteoritos, além de poder rever os amigos de longa data, amantes dessas rochas tão preciosas. O evento é sempre descontraído e conta com as belezas naturais e o charme único de Ensisheim... uma típica cidade medieval.

Imagem 35 – Meteorito Ensisheim em exposição na atual Alsácia Francesa

Fonte: Stéphane Esquirol, acervo do commons.wikimedia.org (2005)

Imagem 36 – André Moutinho e Maria Elizabeth Zucolotto recebendo o título de Guardiões do Meteorito de Ensisheim, em 2019

Fonte: a autora

12

L'AIGLE: A CHUVA DE "PEDRAS" E A ORIGEM ESPACIAL DOS METEORITOS

Até este momento, diferentes civilizações acreditaram na origem divina das rochas que caíam do céu. Por isso, foram tão adorados ou temidos, de acordo com as suas crenças. Contudo, a comunidade científica, que vivia o auge do seu Iluminismo intelectual do século XVIII, descartava qualquer teoria que se baseasse em uma explicação extraterrestre, fazendo valer o seu rigor científico e expurgando todo o misticismo inerente a essas rochas. Cientistas renomados disseram não aos meteoritos, até que, em 1803, uma chuva com mais de 3 mil pedras caindo do céu fez mudar totalmente o rumo dessa história, nascendo assim a Ciência Meteorítica no mundo e como a conhecemos hoje. Por isso, essa é mais uma história incrível e especial do nosso Histórias de Meteorito ou Meteoritos na História?.

Fonte: commons.wikimedia.org

A Pedra de "Fogo" que Caiu na Terra

O ano agora é 1803, onde até esse momento os meteoritos eram tratados com descrença por boa parte da classe científica, mas considerados como objetos místicos sagrados por muitas civilizações. Isso fez com que alguns meteoritos fossem transformados em amuletos e talismãs, porém outros chegaram a ser considerados um mau presságio, sendo aprisionados às correntes, como vimos em Ensisheim. Também como já vimos, inúmeros relatos de pedras vindas do céu haviam sido feitos por diferentes civilizações. Uma das mais antigas vem do ano de 467 a.C., do antigo Reino da Trácia, região macedônica do Império romano, que atualmente é dividida entre Grécia, Turquia e Bulgária. Em seu relato, o filósofo grego Diógenes de Apolônia[121] reconheceu como sendo de origem cósmica uma pedra marrom encontrada à beira do rio Egos-Pótamos. Em sua citação, ele diz: "Meteoros são estrelas invisíveis que morrem, como a pedra de fogo que caiu na Terra, perto de Egos-Pótamos" (McCALL, 2005, p. 229).

Contudo, dois milênios foram precisos, assim como diferentes eventos ao longo da história, para que sua teoria fosse comprovada. No entanto, seu nome não ficou esquecido. E como forma de homenagem, hoje temos os Diogenitos, que são um grupo de acondritos do tipo HED[122], originários do asteroide 4-Vesta (ver Apêndice 1). Assim, muitos meteoros foram vistos passar e muitos meteoritos foram vistos cair, porém três eventos foram decisivos para essa afirmação ser aceita de forma definitiva perante a comunidade cientifica.

Da Negação às Evidências

O primeiro deles foi a publicação, em 1794, do livro *Origem do Ferro Pallas e Outros Similares a ele e sobre Alguns Fenômenos Naturais,* de Ernst Chladni (1756-1827). Chladni foi um físico alemão que sugeriu que tais meteoros eram rochas que vinham do espaço cósmico e formavam bolas de fogo enquanto mergulhavam na Terra. Em suas 63 páginas, ele baseou suas conclusões em 18 quedas testemunhadas e na análise de vários meteoritos,

---

[121] Diógenes de Apolônia (499-428 a.C.): último dos filósofos gregos pré-socráticos, o qual explicava os mais diferentes fenômenos a partir de um único elemento, o ar infinito e consciente.

[122] HED: denominação de um clã de meteoritos acondritos originados de diferentes regiões do asteroide diferenciado 4-Vesta, que se localiza no Cinturão de Asteroides entre Marte e Jupiter. O nome HED se dá pelo conjunto das letras iniciais dos três grupos H (howardito), E (Eucrito) e D (Diogenito), que possuem mineralogia e textura petrográfica diferentes, de acordo com a região de origem no asteroide.

incluindo o famoso ferro Pallas Krasnojarsk (dando origem ao grupo dos meteoritos Palasitos – Apêndice 1), além da famosa "pedra" de Ensisheim. Contudo, Chladni estava hesitante em publicar sua constatação, pois sabia que estava indo contra os 2 mil anos de sabedoria herdada do famoso filósofo grego Aristóteles (384 a.C.-322 a.C), endossada por nomes como Isaac Newton (1642 -1727) e Antoine Lavoisier (1743-1794).

Fazendo então uma viagem longa no tempo, temos Aristóteles escrevendo, em 354 a.C., sua obra *Meteorológica*, em que abordou vários fenômenos que ocorriam na atmosfera, dando a eles o nome de meteoros. Nesse trabalho, ele descrevia sobre a formação de eventos como estrelas cadentes, relâmpagos, neve, cometas, chuva e trovões, sendo todos causados pela combinação dos quatro elementos fundamentais: terra, água, fogo e ar. Por essa razão, Aristóteles é conhecido hoje como o pai da Meteorologia. Ele não acreditava em pedras que vinham de fora da Terra, e sim formadas na atmosfera pela interação dos quatro elementos com a energia.

Muitos séculos depois, o renomado físico Isaac Newton, Pai da Lei da Gravidade e das famosas Leis de Newton, afirmara que o espaço deveria estar vazio e não existiriam corpos pequenos além da Lua. Sua principal obra, intitulada *Princípios Matemáticos da Filosofia Natural*, que revolucionou a ciência física de forma universal, foi publicada em 1687, transformando-o em um dos cientistas mais renomados do mundo. Em seu outro livro, *Óptica*, publicado em 1704, que tratava das propriedades da luz, Newton abordou a discussão se os vapores sulfurosos exalados por vulcões fermentariam com minerais e ocasionalmente "pegariam fogo", emitindo um brilho repentino com uma súbita explosão. Em suas suposições, ele acreditava que os terremotos surgiam após explosões de ar "reprimidas em cavernas subterrâneas", e o vapor liberado iniciava tempestades, furacões, inclusive, os meteoros de fogo. Dessa maneira, sua opinião renegando a origem espacial desses corpos era quase incontestável.

Corroborando com a descrença de pedras vindas de fora da Terra, em 1769, Lavoisier atestou perante a Academia Real de Ciências de Paris que, após uma comissão analisar a amostra "caída do céu" no ano anterior (meteorito Lucé), ela se tratava na realidade de um fragmento de arenito rico em pirita que havia sido atingido por um raio. Como descrito em McCall, Bowden e Howarth (2006), eles obtiveram um resultado com três constituintes principais: terra vitrificável 55,5%, Fe 36% e S 8,5% em peso, o que se reconhece hoje como a primeira análise química de um meteorito condrítico. Com isso, a comissão encarregada pelo estudo acreditava que, em geral, as rochas que continham pirita eram mais atraídas por raios. Após exatos 20 anos, Lavoisier lançou sua grande obra, intitulada *Tratado Elementar de Química*, na qual descreve que os gases e a poeira que subiam com o ar eram inflamados por eletricidade (raios), consolidando-se em metais e matéria rochosa, que produziam meteoros de fogo. Infelizmente, esse foi um dos poucos erros que o grande Pai da Química deixou registrado na história.

Imagem 37 – Pintura de Paul Maria von Partsch, diretor do gabinete imperial de História Natural em Viena. Ela ilustra a queda testemunhada do meteorito Hraschina, caído no bispado de Agram, na Croácia, em 1751, relatada no livro de Chladni

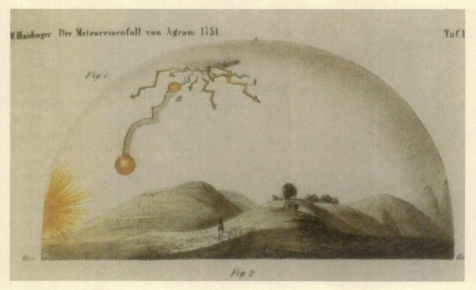

Fonte: Marvin (1996)

Dessa maneira, assim como eles, outros grandes cientistas excluíram totalmente a hipótese das rochas extraterrestres, como Dominico Troilli (1722-1792) e o meteorito Albareto, Franz Gussmann (1741-1806) e o meteorito Pallas, assim como Willian Hamilton (1730-1803) com o meteorito Siena. Em resumo, para a maioria da comunidade científica, exceto os vulcões ou furacões que lançavam objetos na atmosfera, nada poderia cair dos céus, descartando os inúmeros relatos feitos em diferentes tempos e culturas. Contudo, nesse mesmo período, em 1787, o renomado astrônomo inglês Willian Herschel (1738-1822) relatou observar erupções vulcânicas

HISTÓRIAS DE METEORITO: OU METEORITOS NA HISTÓRIA?

na Lua. Com isso, não tardou para que alguns fizessem suposições de que essas "pedras do céu" viriam de tais eventos lunares, como foi o caso do matemático francês Pierre Simon de Laplace[123], dando indícios de uma discreta mudança de pensamento. Todavia, foi nesse ambiente iluminista[124] nada receptivo, carregado de preconceitos contra a velha alquimia e folclores populares, que Chladni fez sua contestação, que ajudaria a criar a nova ciência que estava por vir: a Ciência Meteorítica.

O segundo evento decisivo foi a análise química de quatro quedas testemunhadas de amostras rochosas (hoje classificados como condritos ordinários), pelo químico Edward Howard[125] e o mineralogista Jacques-Louis de Bournon[126]. Os fragmentos por eles estudados foram: Tabor (1753), Siena (1794), Wold Cottage (1795) e Benares (1798). Assim, eles observaram que todas as pedras assemelhavam entre si, tendo quatro componentes principais em comum, sendo eles: "glóbulos curiosos", grãos de piritas, grãos de ferro maleável e uma matriz terrosa de grão fino. De Bournon, com auxílio de uma lupa, separou cada um desses componentes para que Howard pudesse analisá-los individualmente, diferente das técnicas empregadas anteriores.

Em suas análises, eles notaram ainda características não observadas nas rochas terrestres, como os tais "glóbulos curiosos" arredondados, inclusões de cálcio e alumínio (CAIs), um revestimento escuro (crosta de fusão) e ferro metálico abundante. Com isso, Howard foi o primeiro a detectar a presença de níquel na composição desses grãos de ferro das pedras, assim como nos meteoritos metálicos (FeNi), posteriormente. Também foi o primeiro a reconhecer as estruturas arredondadas, que mais tarde seriam chamadas de "côndrulos", pelo mineralogista alemão Gustav Rose (1798-1873), o qual, por sua vez, distinguiria os meteoritos em grupos de condritos e não condritos (ver Apêndice 1). Além disso, Rose, como o primeiro a desenvolver um sistema de classificação para os recém-reconhecidos meteoritos, em homenagem a Howard, nomeou uma classe de acondritos rochosos de Howardito, que hoje pertence ao grupo dos HED, o mesmo mencionado no início do nosso capítulo.

---

[123] Pierre Simon de Laplace (1749-1827): astrônomo e matemático francês, foi membro do Royal Society, sendo o criador da Equação Diferencial de Laplace, entre outros teoremas.

[124] Iluminismo: movimento intelectual entre os séculos XVII e XVIII, na Europa, o qual defendia a valorização da razão em detrimento da fé como forma de entender o mundo e os fenômenos da natureza.

[125] Edward Charles Howard (1774-1816): renomado químico inglês, nomeado membro da Royal Society. Entre suas demais descobertas, foi um dos responsáveis pela comprovação da origem espacial dos meteoritos.

[126] Jacques-Louis de Bournon (1751-1825): soldado e mineralogista francês que, após a Revolução Francesa, se refugiou na Inglaterra. Também foi eleito para a Royal Society e um dos responsáveis pela comprovação da origem espacial dos meteoritos.

Dessa forma, eles conseguiram demonstrar que essas amostras eram muito parecidas em mineralogia, textura e composição química, mas significativamente diferentes das rochas terrestre conhecidas. Felizmente, para o nascimento da Ciência Meteorítica, todas as quatro pedras examinadas por Howard e de Bournon eram condritos comuns. Tais resultados, quando foram enfim publicados em 1802, persuadiram os principais cientistas da Inglaterra, França e Alemanha a acreditar na origem espacial tanto dos rochosos quanto dos fragmentos metálicos já conhecidos. Contudo, logicamente, essa aceitação encontraria restrições, sendo necessárias novas evidências para universalizar a crença nos meteoritos.

Eis que, de repente, por consciência ou não, ocorre o derradeiro fenômeno para a esperada comprovação: uma verdadeira chuva de pedras em L`Aigle, na Normandia Francesa. Era o dia 26 de abril de 1803, às 13 horas daquele início de tarde, quando, aproximadamente, 3 mil fragmentos rochosos caíram do céu durante uns seis minutos. Isso após um brilhante bólido (meteoro) com três enormes detonações seguidas ser testemunhado pelos moradores da cidade. Depois desse evento, se tornou-se praticamente impossível negar tal origem dos meteoritos.

Imagem 38 – Foto do meteorito brasileiro Rio do Pires (L6-1991), similar aos quatro meteoritos analisados por Howard e De Bournon: o Tabor (H5-1753), Siena (LL5-1794), Wold Cottage (L6-1794) e Benares (LL4-1798), além de Lucé (L6-1768), anteriormente renegado por Lavoisier. Todos posteriormente classificados como condritos ordinários. Em parênteses estão as respectivas classificações químicas e petrográficas, com o ano de queda

Fonte: as autoras

A Chuva de Pedras em L'Aigle

O primeiro a relatar o fenômeno por meio de artigo foi Charles Lambotin, um estudante de mineralogia e negociante de objetos de história natural, que morava em Paris. Ele foi alertado sobre o evento quando um homem em sua pensão mostrou-lhe uma carta escrita em 3 de maio por um cidadão de L'Aigle, chamado Marais. Em poucas semanas, Lambotin recebeu informações suficientes para escrever um artigo (LAMBOTIN, 1803) no *Journal de Physique*. Já o primeiro mapa, desenhado de um campo de meteoritos espalhados em uma região de queda, foi produzido pelo mesmo Marais, sendo inserido em Lambotin (1819), 16 anos após a primeira publicação.

Imagem 39 – Primeiro mapa de dispersão de meteoritos em uma região de queda feito por Marais, cidadão de L'Aigle.

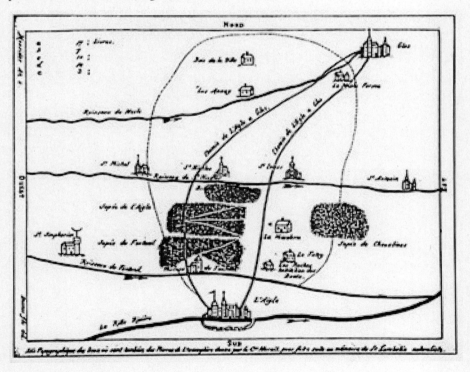

Fonte: Marvin (1996)

A essa altura, Laplace já havia se convencido da origem extraterrestre dos meteoritos, da mesma forma que os químicos Antoine de Fourcroy[127] e Louis-Nicolas Vauquelin[128]. Por essa razão, ambos analisaram quimicamente as pedras de L'Aigle e constataram que eram similares a todas as outras "pedras" caídas anteriormente. Baseado nesses fatos, Jean-Antoine Chaptal (1756-1832), o então Ministro do Interior, enviou o jovem Jean-Baptiste Biot à cidade de L'Aigle para reunir informações detalhadas sobre o evento.

Jean-Baptiste Biot (1774-1862) era um físico, astrônomo e matemático francês, fascinado por meteoritos. Para ele, as histórias sobre essas rochas pareciam inacreditáveis. Um exemplo é a "chuva de pedras" ocorrida na noite de 24 de julho de 1790, em Barbotan, no Sul da França, onde os habitantes relataram que precisaram procurar refúgio em suas casas para se protegerem. Em 1800, graças à influência de Laplace, Biot foi convidado a lecionar Física Teórica no Collège de France, sendo eleito membro correspondente da seção de matemática da Academia de Ciências, em abril de 1803.

Assim, Biot deixou Paris em 26 de junho de 1803 e viajou para Alencon, uma cidade grande a cerca de 15 léguas[129] de distância de L'Aigle. A primeira coisa que Biot fez ao chegar foi escutar os residentes sobre fenômeno. Ele fazia questionamentos como: *"Quem ouviu explosões e de qual direção? Quem viu uma bola de fogo e quão alta e brilhante ela parecia? Para que lado estava se movendo e onde as pedras caíram?"*. De Alencon a L'Aigle, os relatos eram coincidentes e se completavam, reunindo assim informações para determinar uma área de dispersão da queda e procura. Finalmente em L'Aigle, Biot encontrou, por quase duas léguas quadradas, uma grande quantidade de rochas meteoríticas, que diferiam inteiramente das rochas mineralógicas da região ou de qualquer outra que já havia sido vista naquela parte do país. Algumas delas pesavam quase 7 kg, e todas, ao serem quebradas, emitiam um forte cheiro de enxofre.

---

[127] Antoine de Fourcroy (1755-1809): químico francês que, após ler o relatório de Edward Howard de 1802, analisou uma amostra do meteorito de Ensisheim e relatou encontrar 2,4% de Ni.

[128] Louis-Nicolas Vauquelin (1763-1829): farmacêutico e químico francês, foi assistente por anos de Antoine de Fourcroy.

[129] 1 légua = 9, 6 quilômetros.

Imagem 40 – Jean-Baptiste Biot.

Fonte: McCall, Bowden e Howarth (2006)

Quando a chuva de "pedras" ocorreu, foi relatado que era muito parecida com uma estrela cadente, exceto muito mais brilhante. Dizia-se também que parecia um "trem ferroviário pesado". As pedras que caíram atingiram telhados, árvores e calçadas, mas apenas uma lesão no braço foi relatada. Por conta disso, muitos jornais informaram sobre o emocionante evento, sendo a investigação de Biot considerada muito relevante na época, devido, principalmente, à sua abordagem inovadora e metodológica.

> Ele primeiro verifica a estrutura mineralógica do local onde as pedras foram encontradas e descobre que, sob nenhum aspecto, existe uma abordagem fraca a substâncias, como a investigação física e química que comprova o que essas pedras são. Ele então examina o testemunho daqueles que viram o meteoro e daqueles que ouviram sua explosão. Em vez de ir imediatamente para o local onde se diz que o meteoro caiu, ele começa desenhando um círculo de alguns quilômetros ao redor dele e compara o testemunho daqueles que vivem à distância com aqueles que vivem no local; por esse meio, ele encontra uma notável uniformidade quanto ao tempo e às circunstâncias - pontos nos quais o testemunho de homens que estavam inventando ou iludidos seria necessariamente diferente.[130]

---
[130] "The Practical Philosopher at Work" no *Manchester Weekly Times and Examiner*, de 24 de dezembro 1858 (p. 10).

Imagem 41 – Meteorito L'Aigle

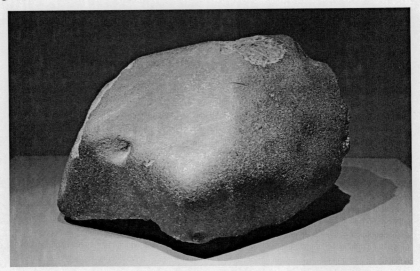

Fonte: Marie-Lan Taÿ Pamart, acervo do commons.wikimedia.org (2020)

O Relato de Biot

Depois de reunir testemunhos e coletar cerca de 2 mil espécimes, Biot retornou a Paris e escreveu um longo relatório que detalhava suas descobertas ao Ministério do Interior. Admiravelmente descrito por Biot (1803; reimpresso por Greffe, 2003), a chuva de meteoritos em L'Aigle convenceu até os franceses céticos de que o material sólido realmente tinha caído do céu e, sim, tinha origem espacial. Seu relatório mais parecia uma história, contudo, tinha o rigor científico imposto pelos padrões iluministas dos séculos XVII e XVIII. Seu trabalho foi baseado em evidências de testemunhas reais, além de conter uma extensa compilação de informações essenciais para sustentar as alegações e os demais argumentos questionados. Todo esse processo serviu para dar credibilidade ao seu trabalho. Em apenas alguns meses após a sua publicação, a ideia de que meteoros e meteoritos vieram do espaço foi amplamente reconhecida na comunidade científica.

Dessa maneira, o trabalho de Biot evidenciou a grande fraqueza do trabalho de Chladni. O seu maior erro foi não ter visitado os locais de queda e não ter entrevistado testemunhas dos meteoritos que ele relatou, mostrando, assim, a importância de se ter um rigor na metodologia científica para dar credibilidade à tese a qual defende. Por sua vez, Biot acreditava firmemente no poder da comunicação científica, sendo seu relatório dramático e literário sobre a queda de L'Aigle notado na mídia popular, assim como em diferentes comunidades científicas. Com isso, seu trabalho ajudou a difundir sua história e a dar crédito à sua teoria, fundamentando, assim, as bases para o nascimento da Ciência Meteorítica.

Imagem 42 – Parte do Relatório de Jean-Baptiste Biot sobre os meteoritos de L`Aigle entregue à Academia de Ciência de Paris e ao Ministério do Interior

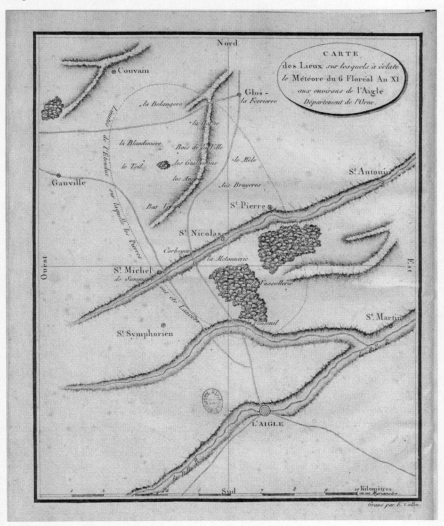

Fonte: commons.wikimedia.org

Nasce a Ciência Meteorítica

Após a incrível chuva de meteoritos de L'Aigle, além do relato de Biot e dos trabalhos de Chladni e Howard, a Ciência Meteorítica estava oficialmente conhecida e totalmente aceita no mundo. A negação até este momento deu lugar às novas descobertas importantes para o seu desenvolvimento. Hoje, sabemos que podemos "tocar" a Lua, Marte e as rochas que têm a idade do nosso Sistema Solar, graças às diversas contribuições posteriores ao longo de mais de 200 anos desde o seu nascimento. Dessa maneira, surgia todo um trabalho de investigação relacionado à composição, origem, idade, ao processo de formação, entre uma infinidade de questionamentos. Até hoje não temos todos eles respondidos, aliás, ainda estamos bem longe de terminar. Todavia, era preciso começar de algum ponto de partida, em algum momento da história, e começou oficialmente em 1803.

Assim, a taxonomia dos meteoritos teve seu início com Rose (1864), que os dividiu em três grupos metálicos e sete grupos rochosos de acordo com suas características mais básicas, passíveis de serem vistas a olho nu. Dessa forma, a classificação inicial foi baseada unicamente na composição mineral e textura. Rose, inclusive, introduziu termos como "côndrulo" e "condrito", que derivam do grego *chondros*, que significa grãos, usados para descrever as estruturas esféricas presentes na maioria dos meteoritos rochosos. Os que não possuíam tal estrutura arredondada, ele nomeou de não condrito. Já Maskelyne (1870) introduziu os termos e uma primeira divisão em sideritos (metálicos), aerólitos (rochosos) e siderólitos (metálico e rochoso), uma vez que certos meteoritos apresentavam ambas as características de rochosos e metálicos.

Entre as décadas de 1850 e 1870, Henry Clifton Sorby (1826-1908) desenvolveu a petrografia[131] e a metalografia[132], o que trouxe grande avanço à Geologia e à Metalurgia, pois introduziu o uso do microscópio de luz polarizada e de luz refletida para estudar os meteoritos. Com isso, Tschermak (1885) considerou em seus trabalhos a geminação, propriedades óticas e clivagem dos minerais como critérios importantes para classificar os meteoritos. Ele os separou em três grupos rochosos e dois de ferro, contudo não os dividiu em condritos e não condritos. Brezina (1885) contribuiu

---

[131] Petrografia: ramo da petrologia cujo objetivo é a descrição das rochas e a análise das suas características estruturais, mineralógicas e químicas.

[132] Metalografia: estudo da morfologia e estrutura dos metais, fornecendo informações sobre a composição e propriedades químicas e mecânicas do material.

adicionando, a uma das classes de rochosos de Tschermak, que continha os condritos, subclasses baseadas na cor, textura, composição química e mineral, sendo o primeiro a introduzir o termo acondrito para os meteoritos sem côndrulos em sua textura. Esse primeiro esquema de classificação, contendo grupos e clãs dos diferentes meteoritos já conhecidos, foi chamado de Rose-Tschermak-Brezina, sendo amplamente utilizado. Ainda no século XIX, William Thomson (1760-1806) e Count Alois von Beckh Widmanstätten (1753-1849) observaram a estrutura de Widmanstätten pela primeira vez, tornando-se imprescindível na classificação futura dos meteoritos metálicos.

Farrington (1907), estudando os meteoritos metálicos compostos basicamente de ferro e níquel, propôs a classificação baseada na estrutura e composição química dos minerais, em que, por exemplo, a presença de elementos com menor quantidade tornou-se importante na divisão dos grupos metálicos. George Prior (1920), tomando como base os referidos trabalhos anteriores, desenvolveu um novo e compreensivo esquema de classificação que foi utilizado por décadas posteriores. O principal legado de Prior foi estabelecer a intrínseca relação da quantidade de níquel nos minerais metálicos (FeNi) e a quantidade de óxido de ferro nos silicatos magnesianos (olivina e piroxênio) presentes nos meteoritos rochosos. Assim, ele determinou que a razão do óxido de ferro e magnésio nos silicatos varia diretamente com a quantidade de níquel da liga FeNi, também presente nos meteoritos rochosos.

Por quase 50 anos, o esquema de Prior foi utilizado para classificação dos meteoritos. Ele perdurou até o trabalho de Mason (1967), no qual os meteoritos foram divididos em grupos muito próximos à classificação atual. O grupo dos condritos englobava as classes : enstatita, bronzita, hiperstênio e carbonáceos. Os acondritos eram formados por classes como: eucritos, diogenitos, howarditos, angritos, naklitos, entre outros. Já os metálicos foram divididos em: hexaedritos, octaedritos e ataxitos, além dos metálicos-rochosos como os palasitos, mesosideritos, lodranito e siderófilo. No mesmo ano, Van Schmus & Wood (1967) propuseram a divisão dos condritos em seis tipos petrográficos de acordo com o grau de recristalização e equilíbrio químico, proporcionado pelo metamorfismo termal experimentado por esses corpos.

Na mesma década, no início de 1960, o método adotado nas análises químicas dos materiais geológicos e, consequentemente, de materiais cósmicos sofreu uma mudança significativa com o início da comercialização da Microssonda Eletrônica (*Electron Probe Microanalyser* – EPMA). Antes da aplicação de um microscópio eletrônico, as análises químicas eram por via úmida, com uma prévia separação dos minerais de suas rochas matrizes. Já as análises por EPMA são feitas sem destruição de amostras, apenas sendo necessário um fragmento do meteorito preparado em lâmina polida, ou seja, os minerais são analisados *in situ* por um feixe eletrônico. Sua principal vantagem foi proporcionar microanálises quantitativas com alta precisão a partir do sistema de dispersão de comprimento de onda de raios X. Para dimensionar o impacto da EPMA na Ciência Meteorítica, no ano de 1962, 38 novos minerais foram identificados em meteoritos pela nova técnica. No trabalho de Rubin e Ma (2017), no qual são apresentadas as fases mineralógicas dos meteoritos, essa quantidade é de 475 minerais identificados atualmente.

A revolução analítica coincidiu com a Era Espacial, que estava a pleno vapor também na década de 1960, quando as amostras lunares começaram a ser trazidas pelas missões Apollo da NASA, entre os anos de 1969 e 1972. Por essa razão, os laboratórios analíticos se prepararam para receber tais materiais, culminando em um avanço tecnológico que proporcionou o refinamento e desenvolvimento de novas técnicas analíticas. Assim, a pesquisa em meteoritos passou a contar além dos microscópios eletrônicos, também com análises de difração de raios X (DRX), ativação de nêutrons (INAA), espectrômetros de massa (LA-ICP-MS), entre outros. Com essa versatilidade de técnicas, foi possível identificar novas fases minerais, aumentar a gama de elementos químicos analisados, inclusive os traços, além de obter análises isotópicas e a datação radiométrica nos meteoritos.

Novas classificações foram propostas baseadas nos trabalhos de Keil e Fredriksson (1964) e Reed (1965) na identificação das fases minerais acessórias; Gooding e Keil (1981), que produziram uma classificação para diferentes tipos de côndrulos; Stöffler e Keil (1991), que adicionaram uma classificação de metamorfismo de choque para condritos comuns; além de Wlotzka (1993), que desenvolveu uma classificação para os estágios de intemperismo terrestre também para os condritos. Sem falar nas inúmeras contribuições de John Wasson (1934-2020) com o estudo dos meteoritos metálicos e os diferentes grupos químicos. A aplicação da espectroscopia em massa nas inclusões ricas em cálcio e alumínio (CAIs), assim como nos pequenos grãos pré-solares de diamantes presentes na matriz de côndrulos, permitiram, por exemplo, estimar a idade do condrito carbonáceo Allende em 4,56 bilhões de anos. Essa, por sua vez, é a idade do nosso Sistema Solar, que foi calculada por meio do tempo de meia-vida dos elementos instáveis presentes nas rochas espaciais. Contudo, a idade dos meteoritos e da Terra já tinham sido calculados por Peterson (1956), por meio dos isótopos de U-Pb. Como consequência desse processo, diversas contribuições continuaram sendo dadas ao longo das últimas décadas, culminando com o refinamento significativo da taxonomia dos meteoritos.

Uma das contribuições mais recentes foi dada por Derek Sears com seus trabalhos sobre termoluminescência e catodoluminescência, que tiveram início na década de 1980. Ele aperfeiçoou o sistema de classificação petrográfica dos condritos de Van Schmus e Wood (1967), baseado na emissão de cores dos minerais, que estava intimamente ligado ao sutil metamorfismo termal sofrido pelos meteoritos no seu processo de formação e evolução.

Muitas outras contribuições também foram dadas, entre as quais Weisberg, McCoy e Krot (2006) ilustraram o atual esquema de classificação dos meteoritos. Nele é possível identificar facilmente todas as classes, os clãs, grupos e subgrupos que foram criados para separar as diferenças de textura, composição mineral e química, que reflete diretamente na proveniência desses corpos, assim como eventos experimentados pelos mesmos. Krot *et al.* (2014) é o trabalho mais atual publicado sobre esse esquema de classificação, no qual não há modificações, porém é possível encontrar uma compreensível descrição de cada grupo, sendo abordados os parâmetros de classificação.

Sendo assim, após dois séculos de contribuição à taxonomia dos meteoritos, nosso L'Aigle foi classificado como um meteorito rochoso (aerólito) do tipo condrito ordinário, pertencente ao tipo petrográfico 6 e grupo químico L (ver Apêndice 1). Ele é oriundo de um asteroide primitivo que se formou no início do nosso sistema planetário e preserva a maioria das características do início da sua formação. Dessa maneira, pode-se perceber a importância do surgimento da Ciência Meteorítica, que colabora diretamente na construção do conhecimento sobre os processos de formação do Sistema Solar, com seus planetas, asteroides, luas e cometas, assim como de todo o Universo. A cada ano, bilhões de dólares são gastos por diferentes agências espaciais, que investem no lançamento de sondas e *rovers* espalhados por diversas regiões do nosso sistema. Porém, como bem disse Edward Olsen, em 1973, os meteoritos são as sondas espaciais do homem pobre, pois trazem consigo uma infinidade de informações totalmente de graça. Assim, é só esperar eles caírem, porque certamente ainda tem muitas coisas para eles nos contarem!

13

Em busca dos Museus de Nininger: o Pai da Meteorítica Moderna

Para finalizar, reservamos o último capítulo para contar sobre uma viagem inesquecível que fizemos. Visitamos o lindo estado americano do Arizona, com suas paisagens magníficas, que se intercalam com as cores vermelhas e marrom dos grandes cânions, o negro das rochas vulcânicas, além do branco da neve. Nesse cenário de faroeste, encontramos pelo caminho umas das mais famosas crateras de meteorito do mundo. Mas, na verdade, estávamos mesmo era em busca dos lugares que abrigaram uma imensa coleção de meteoritos, os museus de Harvey Nininger, o Pai da Meteorítica Moderna. Assim, convidamos vocês para nossa última viagem aqui no Histórias de Meteorito ou Meteoritos na História?.

Fonte: commons.wikimedia.org

O Pai da Meteorítica Moderna

Harvey Harlow Nininger (1887-1986), nome que marcou a história e os rumos da ciência meteorítica no mundo, era um entusiasta de meteoritos nos Estados Unidos e, devido ao seu amor e à sua dedicação, também despertou paixão, bem como o interesse científico no campo da meteorítica. Sua carreira como cientista autodidata e autofinanciado foi única, cruzando o território americano junto de sua esposa, Addie, em seu carro adaptado cheio de meteoritos.

Imagem 43 – Harvey Harlow Nininger

Fonte: Plotkin e Clarke (2010)

Deixou sua marca e seu legado por onde passou, fazendo, além do trabalho de campo, um extenso trabalho de divulgação de meteoritos, que incluía palestras em centenas de faculdades e universidades, escolas primárias e secundárias, conversando nas esquinas e com qualquer pessoa interessada em meteoritos. Durante seus 47 anos como meteoriticista[133] e educador, teve uma vasta produção científica, que inclui 162 artigos científicos e 10 livros sobre meteoritos. Dessa forma, Nininger se tornou o maior colecionador privado de meteoritos em seu tempo, sendo considerado o Pai da Meteorítica Moderna e uma referência mundial.

A Famosa Cratera do Arizona

Como grandes admiradoras de todo esse legado, nós, as autoras, nos aventuramos pelas belas estradas do estado do Arizona, nos Estados Unidos. Assim, refizemos alguns dos caminhos de Nininger durante nossa viagem em 2019, incluindo os dois edifícios marcantes que abrigaram o museu de Nininger e sua antiga casa em Sedona. No entanto, a localização do que foi o seu segundo museu era até então um mistério.

A primeira parada obrigatória foi visitar a magnífica *Cratera de Meteoros Barringer*[134]. Um dos famosos livros de Nininger é o *Arizona's Meteorite Crater*, lançado em 1956, no qual ele dedicou longos anos estudando essa marca geológica notável na Terra. Seus estudos incluíam as condições que a formaram, os fragmentos de meteorito encontrados no entorno da cratera, além da descoberta da presença de impactitos[135] na borda dessa formação rochosa causada pelo forte impacto. O meteorito que originou esse incrível astroblema[136] foi um do tipo metálico, chamado Canyon Diablo[137]. Umas das investigações de Nininger foi estudar os microdiamantes encontrados frequentemente em seus fragmentos, formados pela elevadíssima pressão de impacto que transformou as estruturas de carbono presentes em cristais de diamantes.

---

[133] Meteoriticista: especialista que estuda e analisa os meteoritos.

[134] Cratera de Meteoro Barringer: cratera de impacto de meteorito cerca de 60 quilômetros a leste de Flagstaff, no Norte do Arizona, EUA. Ela foi criada há cerca de 50 mil anos durante a época do Pleistoceno. Tem diâmetro de 1,2 quilômetros e 200 metros de profundidade. Cálculos mais recentes sugerem uma velocidade de impacto a, aproximadamente, 12,8 km/s, com uma energia de impacto estimada em 10 megatons.

[135] Impactito: rocha formada ou modificada pelo impacto de um meteorito. É considerado rocha metamórfica porque seus materiais de origem foram modificados pelo calor e pela pressão do impacto. Na Terra, os impactitos consistem, principalmente, de material terrestre modificado, às vezes, com pedaços do meteorito original.

[136] Astroblema: o mesmo que cratera de impacto, é uma estrutura constituída a partir do impacto de um meteorito na superfície de qualquer corpo celeste.

[137] Canyon Diablo: meteorito metálico encontrado em 1891, sendo um octaedrito grosseiro do grupo químico IAB-MG. O meteorito foi quase todo vaporizado com o impacto, deixando poucos restos na cratera.

Imagem 44 – As autoras visitando a Cratera de Meteoro Barringer, no estado do Arizona/EUA.

Fonte: as autoras

A Busca por seus Museus

Localizado na famosa antiga Rota 66, a poucos quilômetros ao norte da *Cratera de Meteoros Barringer,* Nininger havia fundado seu primeiro museu (foto da introdução), o *American Meteorite Museum* (1942-1953), para abrigar e expor sua grande coleção que pesava ao todo cerca de 8 toneladas. Como ele mesmo disse: "Nosso museu é pequeno, o acervo é grande". O edifício estava situado perto de uma estrada solitária, perto da cratera a uma distância de uns 2,5 quilômetros. Tinha uma estrutura interessante, diante de laje natural, com uma pesada torre quadrada se projetando contra o céu, onde os turistas costumavam subir para ter uma vista da cratera. De fato, a presença da cratera foi o critério para a escolha do primeiro local do Museu. Assim, cercado por incertezas, mas também de esperanças, Nininger mudou sua preciosa coleção de meteoritos de Denver para o local no Arizona.

Os meteoritos brasileiros também faziam parte da rica coleção de Nininger, pois seu interesse não se limitava apenas aos encontrados nos EUA, mas também aos espécimes encontrados em diferentes partes do mundo. Nininger, sabendo que o Museu Nacional do Rio de Janeiro detinha a maior coleção de meteoritos do Brasil, em 1951, enviou uma carta ao curador da coleção, Walter Curvello[138]. Ele propôs a Curvello uma troca entre meteoritos de sua coleção por alguns meteoritos brasileiros, especificamente Casimiro de Abreu[139] e Pará de Minas[140] (anteriormente referidos em carta como Palmital). A seguir, estão cópias das cartas trocadas entre Nininger e Curvello.

Imagem 45 – Primeira carta de Harvey Nininger a Walter Curvello, curador dos meteoritos do Museu Nacional do Rio de Janeiro, em 3 de fevereiro de 1951.

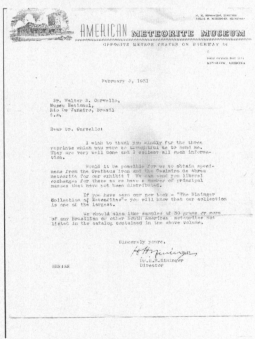

Fonte: acervo do Museu Nacional do Rio de Janeiro

---

[138] Walter da Silva Curvello (1915-1999): naturalista e curador da coleção de meteoritos do Museu Nacional do Rio de Janeiro, sendo o primeiro especialista em meteoritos do Brasil.

[139] Casimiro de Abreu: meteorito metálico brasileiro encontrado em 1947 e classificado como um octaedrito médio do grupo IIIAB.

[140] Pará de Minas: meteorito metálico brasileiro encontrado em 1934 e classificado como um octaedrito fino do grupo IVA.

Imagem 46 – Resposta de Walter Curvello do Museu Nacional a Harvey Nininger, em 26 de julho de 1951

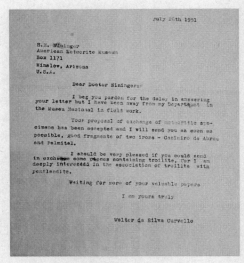

Fonte: acervo do Museu Nacional do Rio de Janeiro

Imagem 47 – Resposta de Harvey Nininger a Walter Curvello sobre a troca de meteoritos entre os museus, em 26 de agosto de 1951

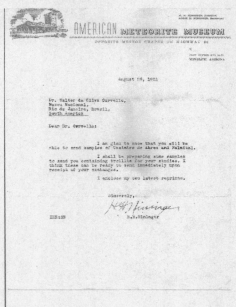

Fonte: acervo do Museu Nacional do Rio de Janeiro

Contudo, devido a problemas financeiros e à mudança da Rota 66 em meados da década de 1950, o museu de Nininger mudou-se para Sedona, no Arizona. Hoje, seu antigo museu se encontra em ruínas, deixando uma lembrança do que foi o edifício que abrigou seu primeiro sonho. No entanto, só foi possível admirar suas belas ruínas a distância, sem poder se aproximar e tentar sentir o significado desse lugar para os amantes de meteoritos. Para falar a verdade, até cogitamos pular a cerca, mas o medo era maior do que a sensação de aventura. Felizmente, anos atrás, Beth aproveitou esse momento e tirou uma foto bem perto dessa obra-prima do tempo.

Imagem 48 – Maria Elizabeth Zucolotto nas ruínas do primeiro prédio que abrigou o *American Meteorite Museum*.

Fonte: as autoras

Mas Onde Está o Segundo Museu?

Seguindo viagem e agora buscando o segundo prédio que abrigava o museu de Nininger desde 1953, a próxima parada foi em Sedona, a, aproximadamente, 71 quilômetros da *Cratera de Meteoros Barringer*. Sedona é outra cidade do Arizona, sendo uma atração por si só, com suas ruas charmosas, shoppings, lojas e restaurantes aconchegantes, cercada pelas grandes muralhas de cânions e florestas de pinheiros. Infelizmente, o segundo edifício do *American Meteorite Museum* (1953-1960), após a venda de sua coleção e seu fechamento, tornou-se uma galeria de arte por um tempo, e desde então quase ninguém mais sabia de sua localização.

Assim, com base em apenas algumas fotos disponíveis on-line, continuamos olhando pela cidade, além de a Beth se dirigir ao Museu do Patrimônio de Sedona, em busca de mais informações. A primeira pista a que se chegou foi sobre a casa onde Nininger viveu com sua Addie, depois que o museu fechou. Beth também conseguiu mais fotos da fachada do prédio do museu, encontradas no livro de Nininger, *Find a Falling Star*. No entanto, um detalhe importante nessa fonte bibliográfica pode ter contribuído para a perda de conhecimento do museu em Sedona, porque o subtítulo da foto na página 223 diz: "American Meteorite Museum, em frente à Cratera de Meteoros na Highway 66 no Arizona". Essa desinformação provavelmente levou muitas pessoas a não encontrarem mais o segundo museu de Nininger.

Dessa maneira, o primeiro ponto a procurar foi a partir da sua antiga casa localizada na Meteor Drive, de acordo com as coordenadas do Museu do Patrimônio. Isso nos levou a Jordan Road e depois a AZ-179 para chegar a Canyon Drive. Em apenas cinco minutos de carro, a casa azul clara com uma placa de Marco Histórico da Cidade de Sedona foi encontrada.

Nesse bairro, começamos a perguntar sobre o antigo museu, porém pouquíssimos moradores da cidade sabiam dar alguma informação. Somente após abordar um carteiro, foi possível obter uma direção mais precisa para iniciar as buscas pelo prédio. Assim, seguindo a orientação geográfica informada, com base em uma antiga imagem do museu contendo as famosas Rochas Vermelhas de arenitos, o antigo e último museu de Nininger que abrigava seu vasto acervo foi encontrado.

A missão de encontrá-lo não foi fácil, pois foi necessário passar diversas vezes pela mesma Rota Estadual 89A, observando atentamente cada detalhe das construções e a paisagem ao fundo. No entanto, o esforço para descobrir se havia algum vestígio de sua construção foi recompensado, pois conseguimos identificar a estrutura rochosa idêntica à da foto. Atualmente, o prédio pertence ao Best Western Plus Hotel e possui três suítes disponíveis para hospedagem. Contudo, o hotel até então não possuía essa informação importante e histórica. O grande detalhe para o edifício ser encontrado a partir da foto é que o hotel manteve a coluna alta da fachada, o que possibilitou, junto ao relevo, identificar o antigo museu. Para aqueles que querem visitar os dois edifícios em Sedona, ambos ficam a pouco mais de 2,5 quilômetros de distância.

Imagem 49 – Amanda Tosi em frente à antiga casa de Harvey Nininger

Fonte: as autoras

Imagem 50 – Acima, o segundo prédio que abrigou o *American Meteorite Museum* em Sedona. Abaixo, a mesma construção que pertence ao Hotel Best Western Plus

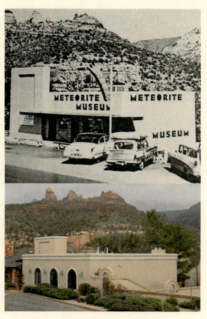

Fonte: Nininger (1975) e autoras, respectivamente

A partir do momento em que o encontramos, um conjunto de sentimentos como excitação e satisfação veio à tona em nós duas. Obviamente, esse momento teria que ser registrado e eternizado por meio de muitas fotos, afinal, estávamos refazendo os caminhos do Pai da Meteorítica Moderna.

Imagem 51 – As autoras em frente à construção que foi o segundo museu de Nininger na cidade de Sedona, Arizona, EUA.

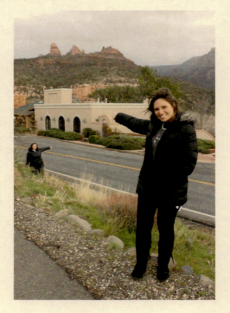

Fonte: as autoras

O Legado

Por toda essa experiência aqui contada, seria impossível visitar o estado do Arizona e não realizar esse registro histórico. Ele traz muitos significados, pois se não fosse o Nininger, talvez a Ciência Meteorítica que temos hoje não tivesse nesse patamar de evolução. Ele incentivou as pessoas a irem para campo procurar pelos meteoritos, explicou incansavelmente como achar e identificar e, além disso, ainda estudou essas rochas espaciais. Certamente, seu legado está intimamente ligado ao que hoje temos em termos de meteoritos oficializados pelo comitê internacional, *The Meteoritical Society*. Atualmente, são mais de 72 mil meteoritos registrados que foram encontrados em diferentes regiões do mundo, evidenciando que seu trabalho pioneiro certamente fez a diferença. Além disso, a importância para ciência é algo sem precedentes, pois os meteoritos nos trazem amostras de diferentes corpos do nosso sistema planetário, ajudando, assim, a responder de onde viemos e como fomos todos formados.

Despedimo-nos por aqui, contando um pouco sobre a nossa viagem, como uma forma de não deixar essa parte da história tão importante da Meteorítica morrer. Com o tempo, muito do que foi importante antes cai no esquecimento, mas foram esses ensinamentos que nos conduziram para o futuro. Todos nós somos frutos do que nossos antepassados apreenderam e deixaram de legado em vários aspectos da nossa vida.

Nosso livro reviveu um pouco dessas histórias, mostrando a visão que diferentes civilizações tinham a respeito dos meteoritos e como usufruíam de suas qualidades. Antes, eles garantiram a sobrevivência, foram usados em rituais religiosos, foram adorados como a casa de Deus, e hoje eles são imprescindíveis para o homem que expandiu os horizontes para além da Terra e agora busca alcançar outros mundos.

Dessa forma, será preciso que as novas gerações tenham esse entendimento e engajamento com as várias áreas da ciência, mas, para isso, primeiro devemos desmistificá-la como algo difícil e inatingível. Por isso, trabalhamos incansavelmente na divulgação científica com crianças, jovens e adultos, seja de onde forem, seguindo o exemplo que Nininger nos deixou.

Entendemos que é só por meio de uma sociedade que valoriza o conhecimento científico que seremos capazes de evoluir, desenvolver novas tecnologias e, não só isso, dar um futuro para as nossas crianças de hoje e as que ainda estão por vir. A cada meteorito que uma criança toca, procurarmos despertar a paixão pela ciência, mostrando não só o quão fascinante eles são, mas também expandindo os horizontes do que ela pode ser... um físico, químico, geólogo, astrônomo, astronauta etc., não importa, o importante é ter o conhecimento para escolher.

Assim, acreditamos na ciência como o combustível propulsor para nos levar adiante e valorizar a história, para nunca nos esquecermos de como chegamos até aqui, aprendendo com os erros e acertos deixados para nós como legado. Desse modo, poderemos todos traçar um futuro mais justo, igualitário e promissor para as futuras gerações.

Referências

ADHITYATAMA, S. *et al.* Underwater Archaeological Study on Prehistoric Material Culture in Matano Lake, South Sulawesi, Indonesia. **Journal of Southeast Asian archaeology**, n. 37, p. 37-49, 2017.

ADLER PLANETARIUM. **The Sky is Falling:** Meteors and Meteorites Through History. Google arts and culture, 2023. Disponível em: https://artsandculture.google.com/story/the-sky-is-falling-meteors-and-meteorites-through-history--adler-planetarium/vgWh-qne7tsiIw?hl=en. Acesso em: 12 ago. 2023.

AGÊNCIA BRASIL. **Novo rosto de Luzia:** estudo desmonta teoria de migração para América. 2018. Disponível em: https://agenciabrasil.ebc.com.br/geral/noticia/2018-11/novo-rosto-de-luzia-pesquisa-desmonta-teoria-sobre-migracao-ancestral#:~:text=O%20cr%C3%A2nio%20de%20Luzia%20estava,j%C3%A1%20encontrados%20no%20continente%20americano. Acesso em: 17 jul. 2023.

ALBAN, G. M. **Melusine the Serpent Goddess in A. S. Byatt's Possession and in Mythology**. Lanham: Lexington Books, 2003. 308 p.

ALFORD, A. F. **Pyramid of Secrets:** The architecture of the great pyramid reconsidered in the light of creational mythology. Walsall: Eridu Books, 2010. 446p.

ALTMAN, A. Sky Travelers: Cosmological Experiences among Evangelical Indians from Argentinian Chaco. *In*: PIMIENTA, F. *et al.* (ed.) **Proceedings of 19º SEAC Meeting, "Stars and Stones**: Voyages in Archaeoastronomy and Cultural Astronomy – A meeting of different worlds". London: Editorial British Archaeological Reports (BAR), p. 148–152. 2011.

AMIN, K. *et al.* The role of shape-dependent flight stability in the origin of oriented meteorites. **Proceedings of the National Academy of Sciences**, v. 116, n. 33, p. 16180-16185, 2019.

ANDRÉ, E. **Elagábalo** – menino travestido de imperador. Histórias de Roma. 2018. Disponível em: https://historiasderoma.com/2018/03/11/elagabalo-menino-travestido-de-imperador/. Acesso em: 20 out. 2022.

ARMSTRONG, K. **Em nome de Deus:** o fundamentalismo no judaísmo, no cristianismo e no islamismo. São Paulo: Editora Companhia das Letras, 2009. 584 p.

ARMSTRONG, K. **Maomé:** uma biografia do Profeta. São Paulo: Editora Campania das Letras, 2002. 336 p.

ARTIC KINGDOM. **Arctic Peoples:** History of the Dorset and Thule People. 2019. Disponível em: https://resources.arctickingdom.com/arctic-peoples-history-of-the-dorset-and-thule-peoples. Acesso em: 15 jul. 2023.

AULER, A. S. History of research in the Lagoa Santa Karst. **Lagoa Santa Karst**: Brazil's Iconic Karst Region, p. 1-11. Cham: Springer, 2020.

BAENDERECK, B. **Os mexicas em época de conquista:** enunciações de sua alteridade pelos espanhóis e tezcocanos. 2010. 154 f. Dissertação (Mestrado em História) – Universidade Estadual Paulista, Assis, 2010.

BELLEMARE, P. M. Meteorite sparks a cult. **Journal of the Royal Astronomical Society of Canada**, v. 90, p. 287-291, 1996.

BERZIN, A. **A Conexão Nazista com Shambhala e o Tibete**. Study Buddhism. Disponível em: https://studybuddhism.com/pt/estudos-avancados/historia-e-cultura/shambhala/a-conexao-nazista-com-shambhala-e-o-tibete. Acesso em: 26 jun. 2023.

BERZIN, A. **Do Rei Songtsen Gampo ao Rei Trisong Detsen**. Study Buddhism. Disponível em: https://studybuddhism.com/pt/estudos-avancados/historia-e-cultura/o-budismo-no-tibete/a-historia-do-periodo-inicial-do-budismo-e-do-bon-no-tibete/do-rei-songtsen-gampo-ao-rei-trisong-detsen. Acesso em: 29 jul. 2023.

BEZERRA, E. **Zama, 202 a.c.:** o fim da Segunda Guerra Púnica. Incrível História. Disponível em: https://incrivelhistoria.com.br/batalha-zama-202-segunda-guerra-punica/. Acesso em: 29 jul. 2020.

BÍBLIA ONLINE. Disponível em: https://www.bibliaonline.com.br/. Acesso em: 24 nov. 2023.

BIBLIOTECA NACIONAL DIGITAL. Disponível em: https://acervobndigital.bn.gov.br/sophia/index.html. Acesso em: 24 nov. 2023.

BIDAL, D. **What Were Humans Doing in the Yukon 24,000 Years Ago?** Smithsonian Magazine. 2022. Disponível em: https://www.smithsonianmag.com/science-nature/what-were-humans-doing-in-the-yukon-24000-years-ago-180979714/. Acesso em: 20 jul. 2023.

BJORKMAN, J. K. Meteors and meteorites in the ancient Near East. **Meteoritics**, v. 8, n. 2, p. 91, 1973.

BRADFORD, B. **Meteorites in Mecca:** The Continuation of Pre-Islamic Stone Veneration. Alma: Southwest Michigan Community College, v. 44, p. 166-171, 2016.

BRANDSTÄTTER, F.; MIGLIORI, A.; VISSER, S.; GIESTER, G.; TOPA, D.; KUHN-T-SAPTODEWO, S.; KOEBERL, C. Meteoritic Iron in Javanese Kris Daggers: A Comparative XRF Study Performed on Original Daggers and Newly Forged Test Objects. 79TH ANNUAL MEETING OF THE METEORITICAL SOCIETY, v. 79, n. 1921, p. 6168. Berlin, 2016.

BREZINA, A. **Die Meteoritensammlung des K. k. mineralogischen Hofka-binetes in Wien am 1. mai 1885.** Viena: A. Hölder, K. k. hof-und Universitäts--Buchhändler, 1885. 276 p.

BRITANNICA. **Peoples and cultures of the American Arctic**. Disponível em: https://www.britannica.com/place/Arctic/Seasonally-migratory-peoples-the--northern-Yupiit-and-the-Inuit. Acesso em: 15 jul. 2023.

BUCHNER E. *et al.* Buddha from Space - An Ancient Object of Art Made of a Chinga Iron Meteorite Fragment. **Meteoritics & Planetary Science**, v. 47, n. 9, p. 1491-1501, 2012.

BUCHWALD, V. F. **Handbook of iron meteorites**. Their history, distribution, composition and structure. Arizona: State University, 1975.

BUCHWALD, V. F. **Iron and steel in ancient times**. Copenhagen: Kgl. Danske Videnskabernes Selskab, 2005. 372 p.

BUCHWALD, V. F.; MOSDAL, G. Meteoritic iron, telluric iron and wrought iron in Greenland. Copenhagen: Meddelelser om Grønland. **Man and Society,** v. 9, p. 1-49, 1985b. 52 p.

BURCKHARDT, J. L. **Travels in Arabia, comprehending an account of those territories in Hedjaz which the Mohammedans regard as sacred**. Vol. 2. London, H. Colburn, 1829. 446 p.

BUENO, L. Arqueologia do povoamento inicial da América ou História Antiga da América: quão antigo pode ser um 'Novo Mundo'?. **Boletim do Museu Paraense Emílio Goeldi**, n. 14, p. 477-496, 2019.

BURCKHARDT, J. L.; ADAMS, W. Y. Ethnographer. **Ethnohistory**, v. 20, n. 3, p. 213-228, 1973.

BURKE, J. G. **Cosmic debris: Meteorites in history**. Berkeley e Los Angeles: University of California Press, 1986. 455 p.

BURTON, R. F. **The Pilgrimage to Al-Madinah & Meccah**. Londres: DigiCat, 2022. 2546 p.

CAMPION, M. J. **Como o mundo amava a suástica, até os nazistas se apropriarem do símbolo**. BBC News, 2017. Disponível em: https://www.bbc.com/portuguese/curiosidades-41793032. Acesso em: 29 jun. 2023.

CANAL SEDUC. **Tradições Religiosas Ocidentais: Islamismo.** 2020. Disponível em: https://www.canaleducacao.tv/images/slides/40725_b9592c017e72a9320e7a85e7bc04682e.pdf. Acesso em: 14 ago. 2023.

CAPLICE, R. I. **The Akkadian Namburbu texts:** an introduction. Undena Publications, 1982. 24p.

CAPRARA, R. **Atlântida, o Reino Perdido**. Revista Super Interessante. Disponível em: https://super.abril.com.br/especiais/atlantida-o-reino-perdido. Acesso em: 28 jun. 2023.

CARBONE, C. J; SANTOS, E. N. dos. **Chicomoztoc, o lugar das sete covas:** a origem dos povos nahuas nas narrativas históricas de indígenas dos séculos XVI e XVII. São Paulo: Resumos, 2009.

CARLSON, J. B. Lodestone compass: Chinese or olmec primacy? Multidisciplinary analysis of an olmec hematite artifact from San Lorenzo, Veracruz, Mexico. **Science**, v. 189, n. 4205, p. 753-760, 1975.

CARVALHO, W. P.; RIOS, D. C.; SANTOS, I. P. L. **A história da meteorítica.** 2010. Dissertação (Mestrado em Geologia) – Universidade Federal da Bahia, Salvador, 2010.

CASSIDY, W. A.; RENARD, M. L. Discovering research value in the Campo del Cielo, Argentina, meteorite craters. **Meteoritics & Planetary Science**, v. 31, n. 4, p. 433-448, 1996.

CASSIDY, W. A. *et al*. Meteorites and Craters Campo del Cielo, Argentina: Field studies have thrown new light on a unique prehistoric encounter of a cosmic body with the earth. **Science**, v. 149, n. 3688, p. 1055-1064, 1965.

CASTRO, L. P. S. A Origem das Raças pela Sociedade Teosófica: uma análise da literatura teosofista. **Diversidade Religiosa**, v. 6, n. 1, p. 103-135, 2016.

CHAMAS, F. C. Origens das formas budistas. **ARS,** São Paulo, n. 13, p. 104-113, 2015.

COMELLI, D. *et al.* The meteoritic origin of Tutankhamun's iron dagger blade. **Meteoritics & Planetary Science**, v. 51, n. 7, p. 1301-1309, 2016.

COOKE, R. Prehistory of native Americans on the Central American land bridge: Colonization, dispersal, and divergence. **Journal of Archaeological Research**, n. 13, p. 129-187, 2005.

CORDEIRO, T. A **arqueologia picareta de Hitler.** Revista Super Interessante, 2018. Disponível em: https://super.abril.com.br/historia/a-arqueologia-picareta-de-hitler/. Acesso em: 26 jun. 2023.

CORRÊA, A. G. **As perspectivas elaboradas por Dião Cássio e Herodiano sobre as práticas político-culturais do imperador Heliogábalo (séc. III d.C.).** 2019. 147 f. Dissertação (Mestrado em História) – Universidade Estadual de São Paulo, São Paulo, 2019.

D'ORAZIO, M. **Historical publications on meteorites (1867-1934) In The «Miscellanea D'achiardi» (Dipartimento Di Scienze Della Terra, University of Pisa, Italy).** Atti della Società toscana di scienze naturali, residente in Pisa: Memorie, Série A., v. 109, p. 45-109, 2004.

DA GLORIA, P. Ocupação inicial das Américas sob uma perspectiva bioarqueológica. **Boletim do Museu Paraense Emílio Goeldi**, n. 14, p. 429-458, 2019.

Da NAIA, A. G. Quem foi o primeiro descobridor do Rio da Prata e da Argentina?: em prol da verdade histórica. **Revista de História**, v. 39, n. 79, p. 51-68, 1969.

DA ROCHA BALBINO, C. E.; GONÇALVES, L.; CÂMARA, M. E.; ANTUNES, R. T. Historiografia de Hernán Cortés: O Conquistador (?). **Revista do Instituto Histórico e Geográfico do Pará**, v. 9, n. 1, p. 67-77, 2022.

Da ROSA, C. B. "A mais antiga Ceres": Cícero, de signis (in verrem 2.4. 105-115). **Phoînix**, v. 23, n. 2, p. 94-111, 2017.

Da SILVA, G. J.; OLIVEIRA SILVA, M. A. **A ideia de História na Antiguidade Clássica.**, São Paulo: Alameda, 2017. 638 p.

DAVIS, C. R. **Ritualized Discourse in the Mesoamerican Codices**. Leiden: University of Leiden Faculty of Archaeology, 2015.

DAYLY EMAIL. **Prehistoric Eskimos mined giant space rocks to make tools and weapons**, 2015. Disponível em: https://www.dailymail.co.uk/sciencetech/

article-2909898/Before-iron-Greenland-METEORITE-Age-Prehistoric-Eskimos-mined-giant-space-rocks-make-tools-weapons.html. Acesso em: 15 jul. 2023.

De CELIS, R. M III. An account of a mass of native iron, found in South-America. By Don Michael Rubin de Celis. Communicated by Sir joseph Banks, Bart. **PR S. Philosophical Transactions of The Royal Society of London**, n. 78, p. 37-189, 1788.

DIETZ, R. S.; MCHONE, J. Kaaba Stone: not a meteorite, probably an agate. **Meteoritics**, v. 9, n. 2, p. 173-179, 1974.

DIETZ, R. S.; MCHONE, J. Kaaba stone: presumably not a meteorite. **Meteoritics**, v. 9, p. 334, 1974.

DOUGLAS, H. The Ensisheim Quincentenary. **Impact!**, n. 6, p. 2-5, 1992.

DUCLOUX, E. H. Nota sobre el meteorito El Mocoví. **Revista de la Facultad de Ciencias Químicas**, n. 5, p. 9-12, 1929.

EDITORA, On Line. **Guia Segredos do Império 03-O Povo Asteca**. São Paulo: On Line Editora, 2017. 97 p.

ENGLEHARDT, J. D. *et al*. Digital Imaging and Archaeometric Analysis of the Cascajal Block: Establishing Context and Authenticity for the Earliest Known Olmec Text. **Ancient Mesoamerica**, v. 31, n. 2, p. 189-209, 2020.

ESCHNER, K. **Scientists Didn't Believe in Meteorites until 1803**. Washington: Smithsonian Magazine, 2017.

EXAME. **China encontra vestígios de vida humana de 10 mil anos atrás**. 2016. Disponível em: https://exame.com/ciencia/china-encontra-vestigios-de--vida-humana-de-10-mil-anos-atras/. Acesso em: 28 jun. 2023.

FARRINGTON, O. C. **Analyses of Iron Meteorites, compiled and classified**. Chicago: Field Columbian Museum, Geological series, v. 3, n. 5, p. 59-110, 1907.

FARRINGTON, O. C. The worship and folk-lore of meteorites. **The Journal of American Folklore**, v. 13, n. 50, p. 199-208, 1900.

FISCHER, Steven R. **Lendo o futuro. História da leitura**. São Paulo: Editora UNESP, 2006.

FORBES, R. J. **Studies in ancient technology**. Leiden: Brill Archive, 1966. 241 p.

FRAGMENTS of meteorite from the Tunguska Event in 1908 are 'found' in a Siberian river. **The Siberian Times.** 2013. Disponível em: https://siberiantimes.com/science/casestudy/news/fragments-of-meteorite-from-the-tunguska-event-in-1908-are-found-in-a-siberian-river/. Acesso em: 22 jan. 2024.

FRANKEL, J. P. The Origin of Indonesian "Pamor". **Technology and Culture**, v. 4, n. 1, p. 14-21, 1963.

FREY, E. The Kris mystic weapon of the Malay world. 3. ed. Wangsa Maju: Institut Terjemahan Negara Malaysia Berhad. 2003. 98 p.

GASPARRO, G. S. **Soteriology and Mystic Aspects in the Cult of Cybele and Attis**: With a Frontispiece. Leiden: Brill, 1985. 142 p.

GEORGE, A. **The Epic of Gilgamesh. A New Translation**. Nova York: Barnes and Noble Books, 1999. 225 p.

GIMÉNEZ BENITEZ, S. R R.; LÓPEZ, A. M.; MAMMANA, L. A. **Meteoritos de Campo del Cielo:** Impactos en la cultura aborigen. Página sobre Astronomía en la Cultura da Facultad de Ciencias Astronómicas y Geofísicas de la Universidad Nacional de La Plata, 2014.

GIMÉNEZ BENITEZ, S. R. R.; LÓPEZ, A. M.; MAMMANA, L. A. Meteorites of Campo del Cielo: Impact on the indian culture. **Oxford VI and CEAC**, n. 99, p. 357-363, 2000.

GIMÉNEZ BENITEZ, S. R.; MARTÍN, L. A.; ANAHÍ, G. Astronomía aborigen del Chaco: Mocovíes I. La noción de nayic (camino) como eje estructurador. **Scripta Ethnológica**, n. 23, p. 39-48, 2002.

GLASSÉ, C. **The new encyclopedia of Islam**. Walnut Creek: Rowman & Littlefield, 2001. 534 p.

GOODING, J. L.; KEIL, K. Relative abundances of chondrule primary textural types in ordinary chondrites and their bearing on conditions of chondrule formation. **Meteoritics**, v. 16, n. 1, p. 17-43, 1981.

GOWLAND, W. The metals in antiquity. **The Journal of the Royal Anthropological Institute of Great Britain and Ireland**, n. 42, p. 235-287, 1912

GUIMAR, A. P. Mexico and the early history of magnetism. **Revista mexicana de física E**, n. 50, p. 51-53, 2004.

HAMACHER, D. W. Native american traditions of Meteor Crater, Arizona: fact, fiction, or appropriation? **Journal of Astronomical History and Heritage**, v. 23, n. 2, p. 375-389, 2020.

HASTRUP, K.; MOSBECH, A.; GRØNNOW, B. Introducing the North Water: Histories of exploration, ice dynamics, living resources, and human settlement in the Thule Region. **Ambio**, n. 47, p. 162-174, 2018.

HEIMANN, R. B.; MAGGETTI, M. **The struggle between thermodynamics and kinetics**: Phase evolution of ancient and historical ceramics. Notes in Mineralogy, v. 20, Chapter 6, p. 233-281, 2019.

HENDRIX, H. V.; McBEATH, A.; GHEORGHE, A. D. Meteor Beliefs Project: Spears of GodSpears of God. **WGN, Journal of the International Meteor Organization**, v. 40, n. 2, p. 80-84, 2012.

HOFFECKER, J. F. **A prehistory of the north:** human settlement of the higher latitudes. New Brunswick: Rutgers University Press, 2005. 248p.

HOUSTON, S. **Studies in Ancient Mesoamerican Art and Architecture**. São Francisco: Precolumbia Mesoweb Press, 2018. 364p.

HRDLIČKA, A. The coming of man from Asia in the light of recent discoveries. **Proceedings of the American Philosophical Society**, v. 71, n. 6, p. 393-402, 1932.

HUNTINGTON, P A. M. Robert E. Peary and the Cape York Meteorites. **Polar Geography**, v. 26, n. 1, p. 53-65, 2002.

JENNISKENS, P. *et al*. Tunguska eyewitness accounts, injuries, and casualties. **Icarus**, n. 327, p. 4-18, 2019.

JENSEN K. S. **Den Indonesiske Kris** - Et Symbolladet Våben. Denmark: Næstved, 1998. 256p.

JOHNSON D. *et al*. Analysis of a prehistoric Egyptian iron bead with implications for the use. **Meteoritics & Planetary Science**, v. 48, n. 6, p. 997-1006, 2013.

JOHNSON D.; TYLDESLEY J. Iron from the Sky: Meteorites in Ancient Egypt. **Meteorite**, v. 19, n. 4, p. 8-13, 2013.

JOHNSON, E. **The Cape York Meteorite:** Making an impact on Greenland. The Henry M. Jackson School of International Studies, College of Arts and Sciences, University of Washington, 2019.

JOHNSON, M. D. Life of Adam and Eve. **The Old Testament Pseudepigrapha**, n. 2, p. 249-295, 1985

JORDAAN, R. E. **In praise of Prambanan;** Dutch essays on the Loro Jonggrang temple complex. Leiden: Brill, 1996. 259 p.

JORNAL DA FAPESP. **Ameríndios eram siberianos**. 2002. Disponível em: https://revistapesquisa.fapesp.br/amerindios-eram-siberianos/. Acesso em: 16 jul. 2023.

KEIL, K.; FREDRIKSSON, K. The iron, magnesium, and calcium distribution in coexisting olivines and rhombic pyroxenes of chondrites. **Journal of Geophysical Research**, v. 69, n. 16, p. 3487-3515, 1964.

KOLEV, R. **The 'enuma anu enlil':** a panoramic view. 2007. Disponível em: https://www.babylonianastrology.com/downloads/Enuma_Anu_Enlil.pdf. Acesso em: 26 jan. 2024.

KROT, A. N. *et al.* Classification of meteorites and their genetic relationships. **Meteorites and cosmochemical processes**, n. 1, p. 1-63, 2014.

KURLANDER, E. One Foot in Atlantis, One in Tibet. **Journal of Popular Culture**, n. 34, p. 107-125, 2000.

LARSEN, K. K.; McBEATH, A.; GHEORGHE, A. D. Meteor Beliefs Project: meteoritic weapons. PROCEEDINGS OF THE INTERNATIONAL METEOR CONFERENCE, 30th IMC, p. 137-144, Sibiu, Romania, 2011.

LAVINA, E. L. C. O Dilúvio de Noé e os primórdios da Geologia. **Brazilian Journal of Geology**, v. 42, n. 1, p. 91-110, 2012.

LEGGE, F. XVII. The most ancient Goddess Cybele. **Journal of the Royal Asiatic Society**, v. 49, n. 4, p. 695-714, 1917.

LEHMANN-NITSCHE, R. Mitología sudamericana XII. La astronomía del mocoví (Segunda parte). **Revista del Museo de La Plata**, n. 30, p. 145-159, 1927.

LEONARD, F. C. On the classification of meteorites. **Contributions of the Society for Research on Meteorites**, v. 3, n. 10, p. 134-136, 1944.

LIBERMAN, R. G. *et al.* Campo del Cielo iron meteorite: Sample shielding and meteoroid's preatmospheric size. **Meteoritics & Planetary Science**, v. 37, n. 2, p. 295-300, 2002.

LIVIUS. **Articles in ancient of history**. 1995-2024. Disponível em: https://www.livius.org/. Acesso em: 24 nov. 2023.

LIVIUS. **Herodian's Roman History**. 1995-2024. Disponível em: https://www.livius.org/sources/content/herodian-s-roman-history/. Acesso em: 14 jul. 2020.

LOSANO, N. G. **Campo del Cielo, el parque de meteoritos de Chaco que sigue impactando al mundo**. La Nacion, 2020. Disponível em: https://www.lanacion.com.ar/turismo/el-parque-meteoritos-chaco-sigue-impactando-al-nid2447396/. Acesso em: 27 ago. 2023.

MADEIRA, E. M. A. A condição jurídica das sacerdotisas de Vesta. **Revista da Faculdade de Direito**, Universidade de São Paulo, n. 103, p. 91-111, 2008.

MAINKA, P. J. A luta europeia entre as dinastias dos Habsburgos e dos Valois pela Borgonha e Itália (1477-1559). **História**: questões & debates, v. 38, n. 1, p. 185-224, 2003.

MARL, J. **Carthage**. World History Encyclopedia. 2020. Disponível em: https://www.worldhistory.org/audio/1-205/carthage/. Acesso em: 25 jul. 2020.

MARVIN, U. B. Ernst Florens Friedrich Chladni (1756–1827) and the origins of modern meteorite research. **Meteoritics & Planetary Science**, v. 31, n. 5, p. 545-588, 1996.

MARVIN, U. The meteorite of Ensisheim: 1492 to 1992. **Meteoritics**, v. 27, n. 1, p. 28-72, 1992.

MASKELYNE, M. On the mineral constituents of meteorites. **Proceedings of the Royal Society of London**, v. 18, n. 114, p. 146-157, 1870.

MASON, B. Meteorites. **American Scientist**, v. 55, n. 4, p. 429-455, 1967.

MASSE, W. B.; MASSE, M. J. Myth and catastrophic reality: using myth to identify cosmic impacts and massive Plinian eruptions in Holocene South America. **Geological Society**, London, Special Publications, v. 273, n. 1, p. 177-202, 2007.

MC SWEENEY, E.; SALEM, M. **The Black Stone of Mecca like you've never seen before**. CNN News, 2021. Disponível em: https://edition.cnn.com/travel/article/saudi-arabia-black-stone-scli-intl/index.html. Acesso em: 17 jun. 2023.

McBEATH, A. Meteor Beliefs Project: Meteorite Veneration in the New World. **WGN, Journal of the International Meteor Organization**, v. 38, n. 6, p. 193-198, 2010.

McBEATH, A.; GHEORGHE, A. D. Meteor beliefs project: Meteorite worship in the ancient Greek and Roman worlds. **WGN, Journal of the International Meteor Organization**, v. 33, n. 5, p. 135-144, 2005.

McCALL, G. J. H. Solar System – Meteorites. **Encyclopedia of Geology**. Oxford: Elsevier Academic Press, v. 5, p. 228-237, 2005. 807 p.

McCALL, G. J. H.; BOWDEN, A. J.; HOWARTH, R. J. **The history of meteoritics -Overview**. London: Geological Society, Special Publications, 2006. 509 p.

McGOVERN, P. E. The Funerary Banquet of "King Midas". **Expedition Philadelphia**, v. 42, n. 1, p. 21-29, 2000.

McGRATH. M. **Ancient statue discovered by Nazis is made from meteorite**. BBC News, 2021. Disponível em: https://www.bbc.com/news/science-environment-19735959. Acesso em: 26 jun. 2023.

MENEZES, C. **Estudo contradiz teoria de povoamento da América e sugere que rosto de Luzia era diferente do que se pensava**. Ciência e Saúde, 2018. Disponível em: https://g1.globo.com/ciencia-e-saude/noticia/2018/11/08/estudo-contradiz-teoria-de-povoamento-da-america-e-sugere-que-rosto-de-luzia-era-diferente-do-que-se-pensava.ghtml. Acesso em: 14 jul. 2023.

MERRILL, G. P.; FOSHAG, W. F. **Minerals from earth and sky**: Part I. The story of meteorites. Nova York: Smithsonian Institution Scientific Series, v. 3, p. 1-163, 1929. 331p.

METEORITE.Fr. **Meteorites in History and Religion**. 1998-2024. Disponível em: http://www.meteorite.fr/en/basics/history.htm. Acessível em: 23 jun. 2023.

METEORITICAL BULLETIN DATABASE. 2005-2024. Disponível em: https://www.lpi.usra.edu/meteor/. Acesso em: 24 nov. 2023.

MONTEIRO, F. A. **Caracterização Histórica, Mineralógica e Metalográfica de Artefatos Forjados Supostamente Utilizando Ferro Meteorítico**. 2018. 79 f. Dissertação (Mestrado em xxx) – Programa de pós-graduação em Geociências –Patrimônio Geopaleontológico, Museu Nacional, Rio de Janeiro, 2018.

MUSEU NACIONAL. **Museu Nacional apresenta balanços após um ano do *incêndio***. 2021. Disponível em: https://museunacional.ufrj.br/destaques/balan%C3%A7o_resgatehtml.html#:~:text=%C2%B7%2019%25%20das%20cole%-C3%A7%C3%B5es%2C%20que,ou%20restaram%20muito%20pouco%20delas. Acesso em: 4 set. 2023.

NASA. **115 Years Ago**: The Tunguska Asteroid Impact Event. 2023. Disponível em: https://www.nasa.gov/feature/115-years-ago-the-tunguska-asteroid-impact-event. Acesso em: 17 ago. 2023.

NATIONAL GEOGRAPHIC. **Buda e a busca de um processo que libertasse o ser humano do sofrimento**. 2023. Disponível em: https://www.nationalgeographic.pt/historia/buda-e-a-busca-um-processo-que-libertasse-o-ser-humano-do-sofrimento_2777. Acesso em: 28 jun. 2023.

NATIONAL GEOGRAPHIC. **Qual é a origem da humanidade segundo a ciência**. 2022. Disponível em: https://www.nationalgeographicbrasil.com/historia/2022/12/qual-e-a-origem-da-humanidade-segundo-a-ciencia. Acesso em: 15 jul. 2023.

NAVARRETE, F. Chichimecas y toltecas en el valle de México. **Estudios de cultura náhuatl,** n. 42, p. 19-50, 2011.

AVARRO, A. G. Quetzalcóatl: Divindade Mesoamericana. **Numen:** revista de estudos e pesquisa da religião, v. 12, n.1 e 2, p. 117-135, 2009.

NEVES, W. *et al.* Lapa Vermelha IV Hominid 1: morphological affinities of the earliest known American. **Genetics and Molecular Biology**, n. 22, p. 461-469, 1997.

NEVES, W. *et al.* O povoamento da América à luz da morfologia craniana. **Revista USP**, n. 34, p. 96-105, 1999.

NEWTON, H. A. The Worship of Meteorites. **American Journal of Science (1880-1910)**, v. 56, n. 1450, p. 355-359, 1897.

NININGER, H. H. **Find a Falling Star**. Nova York: P. S. Eriksson, 1972. 254 p.

NOBRE, A. G. *et al.* História e desenvolvimento da ciência meteorítica. **Terrae Didatica**, n. 17, p. e021041-e021041, 2021.

NOGUEIRA, F.; AGOSTINI, N. Os **Desafios da República da Indonésia:** da reestruturação interna à busca pela liderança regional. UFRGS, 2021. Disponível em: https://en.unesco.org/silkroad/silk-road-themes/intangible-cultural-heritage/indonesian-kris. Acesso em: 29 ago. 2023.

NORTON, O. R.; CHITWOOD, L. A. **Field guide to meteors and meteorites.** London: Springer, 2008.

PANETH, F. A. The frequency of meteorite falls throughout the ages. **Vistas in Astronomy**, n. 2, p. 1681-1686, 1956.

PANSERI, C. Damascus Steel in Legend and In Reality. **Gladius Journal**, Espanha, v. IV, p. 5, 1965.

PASOLD, G. R. B. Paraísos, Monstros e Um Náufrago Português: Aleixo Garcia e a Mitologia da Conquista Ibérica (1300-1745). **Revista Santa Catarina em História**, v. 7, n. 1, 2013.

PATTERSON, C. Age of meteorites and the Earth. **Geochimica et Cosmochimica Acta**, v. 10, n. 4, p. 230-237,1956.

PETSCHELIES, E. Os Guaikuru e seus outros: esboço sobre relações políticas. **História Social**, n. 25, p. 71-90, 2013.

PIGOTT, V. C. **The archaeometallurgy of the Asian old world**. Philadelphia: University of Pennsylvania, Museum of Archaeology, 1999. 206 p.

PINTO, E. P. As religiões orientais e o paganismo romano. O culto de Cibele-Attis. **Revista de História**, v. 4, n. 9, p. 79-87, 1952.

PITT, R. B. **Indonésia:** construção do Estado e dinâmica regional. 2011. 70 p. Monografia (Curso de Ciências Econômicas) – Universidade Federal do Rio Grande do Sul, Porto Alegre, 2011.

PLOTKIN, H.; CLARKE J. R. Harvey Nininger's 1948 attempt to nationalize Meteor Crater. **Meteoritics & Planetary Science**, v.43, n.10, p. 1741-1756, 2008.

POHL, J. **The politics of symbolism in the Mixtec codices**. Texas: Vanderbilt University, 1994.

POSTH, C. *et al*. Reconstructing the deep population history of Central and South America. **Cell**, v. 175, n. 5, p. 1185-1197, e22, 2018.

POZZER, K. M. P. Escritas e escribas: o cuneiforme no antigo Oriente Próximo. **Clássica: Revista Brasileira de Estudos Clássicos**, n. 11, p. 61-80, 1999.

PRICE, M. **Native Americans and their genes traveled back to Siberia, new genomes reveal**. Science, 2023. Disponível em: https://www.science.org/content/article/native-americans-and-their-genes-traveled-back-siberia-new-genomes-reveal#:~:text=The%20remains%20of%20three%20people,to%20a%20study%20published%20today. Acesso em: 17 jul. 2023.

PRIOR, G. T. The classification of meteorites. **Mineral. Mag.**, n. 19, p. 51-63, 1920.

PURWANTO, S.; NURHAMIDAH, I. Introduction to Kris, a traditional weapon of Indonesia: Preserved-lingering issues of facts. **EduLite: Journal of English Education, Literature and Culture**, v. 6, n. 2, p. 397-410, 2021.

RAGHAVAN, M. *et al.* Genomic evidence for the Pleistocene and recent population history of Native Americans. **Science**, v. 349, n. 6250, p. 841-851, 2015.

RAHMAN, F. Pre-foundations of the Muslim community in Mecca. **Studia Islamica**, n. 43, p. 5-24, 1976.

REED, S. Electron-probe microanalysis of the metallic phases in iron meteorites. **Geochimica et Cosmochimica Acta**, v. 29, n. 5, p. 535-549, 1965.

RICKARD, T. A. The use of meteoric iron. **The Journal of the Royal Anthropological Institute of Great Britain and Ireland**, v. 71, n. 1/2, p. 55-66, 1941.

ROCCA, M. C. L. A Catalogue of large Meteorite Specimens from Campo Del Cielo Meteorite Shower, Chaco Province, Argentina. **Meteoritics and Planetary Science Supplement**, n. 41, p. 5001, 2006.

ROSE, G. **Beschreibung und Eintheilung der Meteoriten auf Grund der Sammlung im mineralogischen Museum zu Berlin.** Berlim: Akademie der Wissenshaften, in Commission bei F. Dümmler's Verlags-Buchhandlung Harrwitz und Gossmann. 1864.

ROWLAND, I. D. A contemporary account of the Ensisheim meteorite, 1492. **Meteoritics**, v. 25, n. 1, p. 19-22, 1990.

RUBIN, A. Mineralogy of meteorite groups. **Meteoritics & Planetary Science**, v. 32, n. 2, p. 231-247, 1997.

RUBIN, A., MA, C. Meteoritic minerals and their origins. **Geochemistry**, v. 77, n. 3, p. 325-385, 2017.

SALLES, S. **DNA antigo conta nova história sobre o povo de Luzia**. Jornal da USP, 2018. Disponível em: https://jornal.usp.br/ciencias/ciencias-biologicas/dna-antigo-conta-nova-historia-sobre-o-povo-de-luzia/. Acesso em: 24 jul. 2023.

SANCHEZ, L. A. O velho Império de Carlos V. **Revista de História**, v. 3, n. 7, p. 57-69, 1951.

SANTUCCI, J. A. The notion of race in Theosophy. **Nova religio**, v. 11, n. 3, p. 37-63, 2008.

ŠĀRÔN, M. **The Holy Land in history and thought**: papers submitted to the International Conference on the Relations between the Holy Land and the World Outside It. Johannesburg: Brill Archive, 1988. 291 p.

SCHMITZ, B. Earth science: Mind your head. **Nature**, n. 471, p. 573-574, 2011.

SEARS, D. Edward Charles Howard and an early British contribution to meteoritics. **Journal of the British Astronomical Association**, v. 86, n. 1, p. 133-139, 1976.

SEARS, D. W. *et al.* Measuring metamorphic history of unequilibrated ordinary chondrites. **Nature**, v. 287, n. 5785, p. 791-795, 1980.

SEARS, D. W. G.; DeHART, J. M.; HASAN, F. A.; LOFGREN, G. E. Induced thermoluminescence and cathodoluminescence studies of meteorites: Relevance to structure and active sites in feldspar. **Spectroscopic Characterization of Minerals and Their Surfaces,** v. 415, p. 190-222, 1990.

SILVA, D. N. **Guerras Púnicas**. Disponível em: https://escolakids.uol.com.br/historia/guerras-punicas-roma-vs-cartago.htm#:~:text=As%20Guerras%20P%C3%BAnicas%20foram%20conflitos,como%20pot%C3%AAncia%20no%20mar%20Mediterr%C3%A2neo. Acesso em: 20 jun. 2020.

SILVA, S. C. Heliogábalo vestido divinamente: a indumentária religiosa do imperador sacerdote de Elagabal. **ARYS. Antigüedad**: Religiones y Sociedades, n. 17, p. 251-276, 2019.

SMITH, M. E. Life in the provinces of the Aztec Empire. **Scientific American**, v. 15, n. 1, p. 90-97, 2005.

SMITH, M. E. The Aztlan migrations of the Nahuatl chronicles: Myth or history?. **Ethnohistory**, v. 31, n. 3, p. 153-186, 1984.

SORBY, H. On the microscopical, structure of crystals, indicating the origin of minerals and rocks. **Quarterly Journal of the Geological Society**, v. 14, n. 1, p. 453-500, 1858.

SORBY, H. On the Structure and Origin of Meteorites. **Nature**, v. 15, n. 388, p. 495-498, 1877.

SORBY, H. XII. On the microscopical structure of meteorites. **Proceedings of the Royal Society of London**, v. 13, n. 1, p. 333-334, 1864.

SOUSTELLE, J. **A civilização asteca.** Rio de Janeiro: Zahar, 1987. 116 p.

STECKELBERG, A. J. **Primeiras Civilizações** - Mesopotâmia e povos sumérios. Conhecimento Científico R7, 2020. Disponível em: https://conhecimentocientifico. r7.com/primeiras-civilizacoes/. Acesso em: 8 jul. 2020.

STÖFFLER, D; KEIL, K. Shock metamorphism of ordinary chondrites. **Geochimica et Cosmochimica Acta**, v. 55, n. 12, p. 3845-3867, 1991.

STRASSBURGER, F. E. **Ocupação humana no continente americano**. 2020. 56 f. Monografia (Graduação em História) – Universidade Federal da Fronteira Sul, Erechim, 2020.

STROBL, S.; SCHEIBLECHNER, W.; HAUBNER, R. Metallographic preparation of a composite of meteorite iron, steel, pure iron, and nickel manufactured by the Damascus technique. **Practical Metallography**, v. 60, n. 9, p. 556-568, 2023.

STRUGULSKI, M. C. **Teosofia e doutrina cristã:** análise crítica da influência do esoterismo em livros, músicas e vídeo games. 2017. 85 f. Dissertação (Mestrado em Teologia) – Pontifícia Universidade Católica do Rio Grande do Sul, Porto Alegre, 2017.

TASSIN, W. **The Casas Grandes Meteorite**. Proceedings of the United States National Museum, v. 5, n. 1277, p. 69-74, 1902.

TAYLOR, B. **Travels in Arabia**. Nova York: Charles Scribner's sons, 1881. 329 p.

THOMPSON, R. C. The reports of the magicians and astrologers of Nineveh and Babylon. *In*: **Assyrian and Babylonian Literature**: Selected Translations, introduction. New York: RF Harper, 1900. p. 451-60.

THOMSEN, E. New Light on the Origin of the Holy Black Stone of the Ka'ba. **Meteoritics**, v. 15, n. 1, p. 87-91, 1980.

TORTAMANO, C. **Heliogábalo:** o jovem imperador que fez de Roma seu harém. 2019. Aventuras na História. Disponível em: https://aventurasnahistoria.uol.com.br/ noticias/reportagem/heliogabalo-o-jovem-imperador-que-fez-de-roma-seu-harem. phtml#:~:text=Em%20sua%20terra%20natal%2C%20Heliog%C3%A1balo,pelo%20 novo%20l%C3%ADder%20do%20imp%C3%A9rio. Acesso em: 14 jun. 2023.

TRIWURJANI, R. *et al*. **The Iron Civilization of Matano Lake, South Sulawesi**: Paleometallic to Historical Periods. 3rd International Conference on Linguistics and Cultural (ICLC 2022), p. 506-518. Haarlem, Atlantis Press, 2023.

TSCHERMAK, G. Die Mikroskopische Beschaffenheit der Meteoriten. **Smithsonian Contributions to Astrophysics**, v. 4, n. 1, p. 137-239, 1885.

TYLDESLEY, J.; JOHNSON, D. Iron from the Sky: Meteorites in Ancient Egypt. **Meteorite Magazine**, v. 19, n. 4, p. 8-13, 2013.

VAN SCHMUS, W.; WOOD, J. A chemical-petrologic classification for the chondritic meteorites. **Geochimica et Cosmochimica Acta**, v. 31, n. 5, p. 747-754, 1967.

VENTO, A. C. Aztec myths and cosmology: Historical-religious misinterpretation and bias. **Wicazo Sa Review**, v. 11, n. 1, p. 1-23, 1995.

VILLAÇA, C. V. N. **Classificação e interpretação de meteoritos condritos ordinários e o eucrito Serra Pelada**. 2018. 68 f. Dissertação Mestrado em Geologia) – Programa de pós-graduação em Geologia, Universidade Federal do Rio de Janeiro, Rio de Janeiro, 2018.

WALTON, J. H. **O mundo perdido de Adão e Eva:** o debate sobre a origem da humanidade e a leitura de Gênesis. Viçosa: Editora Ultimato, 2021. 256 p.

WASSON J.T.; KIMBERLIN J. The Chemical Classification of Iron Meteorites; II, Irons and Pallasites with Germanium Concentrations between 8 and 100 ppm. Geochemistry and Cosmochimica. **Acta**, n. 31, p. 149-178, 1967.

WASSON, D. L. **Cybele**. Ancient History Encyclopedia, 2015. Disponível em: https://www.worldhistory.org/Cybele/. Acesso em: 23 jun. 2020.

WASSON, J. T. Campo del Cielo: A Campo by any other name. **Meteoritics & Planetary Science**, v. 54, n. 2, p. 280-289, 2019.

WEISBERG, M.; McCOY, T.; KROT, A. Systematics and evaluation of meteorite classification. *In:* LAURETTA, D.; MCSWEEN, H. (ed.). **Meteorites and the Early Solar System II.** Arizona: The University of Arizona Press, 2006.

WIKIPEDIA. **Enciclopédia Livre**. 2001-1024. Disponível em: https://pt.wikipedia.org/wiki/ Wikip%C3%A9dia:P%C3%A1gina_principal. Acesso em: 24 nov. 2023.

WLOTZKA, F. A weathering scale for the ordinary chondrites. **Meteoritics**, v. 28, n. 3, p.460, 1993.

WORLD HISTORY ENCYCLOPEDIA. 2009-2024. Disponível em: https://www.worldhistory.org/. Acesso em: 24 nov. 2023.

ZANOTI, C. R. O sibilismo judaico. **Revista de História**, v. 49, n. 99, p. 21-44, 1974.

ZIMMER, G. F. The use of meteoritic iron by primitive man. **Nature**, v. 98, n. 2462, p. 350-352. 1917.

ZUCOLOTTO, M. E. **Breve histórico dos meteoritos brasileiros**. *In* História da Astronomia no Brasil. Rio de Janeiro: Companhia Editora de Pernambuco, 2014. 665p.

ZUCOLOTTO, M. E.; FONSECA, A. C.; ANTONELLO, L. L. **Decifrando os Meteoritos**. 1. ed. Rio de Janeiro: Série Livros 52, 2013.160 p.

Apêndice 1

Origem, definição e classificação dos meteoritos

Falamos até aqui muito sobre os meteoros, meteoritos e até cometas que fizeram parte da cultura de diferentes civilizações ao longo da história. Mas o que seriam eles, qual sua composição, de onde vieram? Reservamos este espaço para resumir um pouco do conhecimento da Ciência Meteorítica e assim explicar com mais detalhes sobre esses fenômenos e os corpos espaciais que chegam praticamente todos os dias aqui na Terra. Dessa maneira, como nosso livro teve um foco especial nas histórias dos meteoritos, aqui falaremos de suas características e classificações principais. Contudo, deixamos disponível o QR Code do livro *Decifrando os Meteoritos*, da autora Maria Elizabeth Zucolotto, para quem desejar saber mais sobre os diversos tipos de meteoritos e outros assuntos, como crateras, chuvas de meteoros, como identificar os meteoritos e muito mais. Assim, de acordo com o *Decifrando os Meteoritos*, temos a seguir algumas definições importantes sobre os objetos que foram o centro das nossas histórias.

1. O que São os Meteoritos?

Meteoritos são fragmentos de corpos sólidos do sistema solar que, após permanecerem perambulando no espaço de milhões a bilhões de anos, penetram na atmosfera terrestre e caem na superfície. Esses corpos, quando ainda estão no espaço, são chamados de **meteoroides**, que são restos do sistema solar que foram desagregados dos corpos de origem (asteroides, cometas, Lua, Marte etc.), por colisões cósmicas, radiação solar e outros choques muito comuns no espaço. Quando penetram a atmosfera terrestre, o atrito com o ar aquece-os, e eles se queimam, deixando uma rápida trilha luminosa no céu, chamada de **meteoro** ou "**estrela cadente**".

Quando são do tamanho de um pedregulho, além do rastro luminoso, costumam emitir assovio ou estrondos por estarem em velocidades supersônicas. Muitos deles conseguem sobreviver a essa queima, caem na superfície terrestre e são chamados, então, de **meteoritos.** Assim, a chegada de um meteorito geralmente é fantasticamente anunciada pela passagem de um grande **meteoro** ou **bólido**, chiados e estrondos. Quem assiste à queda de um meteorito, às vezes, tem dúvidas de que o que viu cair não era deste mundo.

Pelos cálculos científicos, chegam à Terra, anualmente, cerca de 40 toneladas de material cósmico. Por sorte da população e azar dos cientistas, a grande maioria se desintegra totalmente na atmosfera, e o restante cai nos mares, oceanos e nas áreas desabitadas, sendo muito raro um meteorito cair sobre uma cidade e, principalmente, acertar um objeto ou uma pessoa. Portanto, não é preciso preocupar-se que, em algum dia, você possa ser alvo desses petardos cósmicos.

Os meteoritos recebem o nome da cidade ou localidade mais próxima de onde foram recuperados, e não de seu descobridor ou do cientista que os descreveu. Quando a queda do meteorito é assistida, ele é classificado como **queda**. Se for encontrado no campo sem estar relacionado a qualquer evento registrado, é considerado **achado**. As quedas ocorrem aleatoriamente, ou seja, um meteorito pode cair em qualquer lugar a qualquer hora. No entanto, em alguns lugares, são recuperados mais meteoritos que em outros, e essa diferença se deve à forma de relevo, à densidade populacional, à vegetação, ao clima e a outros fatores. Estima-se que 500 meteoritos caiam anualmente na Terra; desses, aproximadamente, dois terços caem na água, sendo praticamente impossível recuperá-los; do restante, apenas quatro ou cinco são recuperados. Portanto, é muito remota a possibilidade de o leitor ser um felizardo espectador e impossível a de ser tão azarado para ser atingido por um.

2. Classificação dos Meteoritos

Como vimos, a classificação atual segue o formato iniciado por volta de 1860, contudo, essas primeiras classificações não continham informações genéticas. Hoje, embora as classificações dos meteoritos considerarem sua composição básica, leva-se em conta também a sua origem primitiva e diferenciada.

Com isso, eles são classificados, basicamente, segundo a concentração de ferro e silicatos. Baseados nessas concentrações, são definidos os três tipos de meteoritos. Os **metálicos (sideritos)**, formados basicamente da liga ferro-níquel, os **rochosos (aerólitos)**, formados basicamente de silicatos, e os **mistos (siderólitos)**, que consistem em ferro-níquel e silicatos em proporções quase equivalentes.

Cada um desses tipos é subdividido em classes, e algumas dessas são subdivididas em grupos menores, com propriedades distintas. Assim, o principal objetivo da taxonomia dos meteoritos é agrupá-los de maneira a se compreender melhor sua origem e suas relações, cujo trabalho é complexo e necessita ser analisado por laboratórios competentes.

Os meteoritos rochosos são divididos em: **condritos** e **acondritos**. Os condritos são tipicamente definidos como meteoritos que possuem côndrulos (pequenas esferas de 1-2 mm). No entanto, isso é uma informação equivocada, uma vez que existem condritos sem côndrulos. Desse modo, **condritos** são meteoritos rochosos que possuem tal estrutura, além de uma composição solar (menos os elementos voláteis), sendo provenientes de corpos asteroidais que não sofreram diferenciação magmática, sendo os mais primitivos objetos do Sistema Solar. Já os **acondritos** são rochas ígneas provenientes de asteroides diferenciados ou de superfícies de corpos como a Lua e Marte. Nessa classificação de acondritos, também se encaixam os metálicos e mistos, que se acredita serem provenientes do núcleo e da interface núcleo manto, respectivamente, de asteroides diferenciados que foram posteriormente destruídos por eventos de choque. Dessa forma, todos os acondritos foram geologicamente diferenciados ou reprocessados pela fusão e recristalização de material do tipo condrítico, cuja elevação da temperatura e pressão no interior de corpos, durante o processo de acreção, foi a promotora de tal evolução, além de outros fatores como o decaimento de Al-26 para Mg-26. Contudo, alguns acondritos que possuem textura ígnea e recristalizada retêm afinidades químicas com os corpos condríticos percussores e, por isso, são classificados como **acondritos primitivos**.

2.1 Classificação dos Aerólitos – Condritos

Os condritos são meteoritos rochosos não diferenciados, ou seja, nunca foram fundidos no interior de um planeta ou grande asteroide. São os objetos mais antigos que conhecemos. Possuem de 4,55 a 4,6 bilhões de anos, que é a idade aproximada do sistema solar. Eles são considerados amostras primordiais de matéria dos primórdios do sistema solar.

Os constituintes mais abundantes dos condritos são os côndrulos, minúsculos corpos de origem ígnea, formados por fusão parcial ou total, durante o período de acreção. São objetos subesféricos de silicatos, cujo tamanho varia de alguns milímetros a centímetros. O mais comum é se encontrar objetos que vão de esféricos a irregulares e com diâmetro que varia de 0,1 a 4 mm. Porém, existem condritos que não possuem côndrulos.

A classificação dos condritos leva em conta o silicato primário principal e os meteoritos metálicos separados pela estrutura interna e pelo conteúdo em níquel. Os condritos são constituídos essencialmente de olivina, piroxênio e proporções diversas de inclusões refratárias ricas em cálcio e alumínio ou CAIs e agregados de olivina (0,01~10% vol.), ferro e níquel metálico (0,1~70%), e material da matriz (1~80 %). O material da matriz é rico em elementos voláteis e grãos finos (5~10 mm). A matriz tem mineralogia diversa, e a maioria é uma mistura de silicatos, óxidos, sulfetos, metais de ferro e níquel, matéria orgânica e vidro.

O sistema mais moderno de classificação dos condritos leva em consideração, além dos parâmetros químicos e mineralógicos, a textura que é modificada pela recristalização, que se dá por alteração aquosa e/ou térmica dos meteoritos.

Desde a publicação do trabalho original de Van Schmus e Wood (1967), sobre o Sistema Petrográfico de Classificação para os condritos, criando seis tipos petrológicos diferentes, algumas modificações foram feitas, e muitos pesquisadores aceitam hoje o acréscimo de um tipo 7.

Originariamente, o tipo 1 representava o mais baixo grau de metamorfismo, porém essa definição foi dada mais tarde para o tipo 3, considerado quimicamente não equilibrado e o mais primitivo. Mostram ampla variação química nas olivinas e nos piroxênios, considerados os menos modificados por processos secundários (Wasson, 1974).

Os Condritos estão divididos em classes que incluem Enstatita Condritos (E), Condritos Ordinários (OC) e Condritos Carbonáceos (C), além das classes menores dos Kakangaritos (K) e Rumurutitos (R). Essa classificação é feita levando-se em consideração a quantidade do ferro e sua distribuição, além da mineralogia, petrologia e composição isotópica do oxigênio.

Imagem 52 – Acima, o meteorito brasileiro Vicência classificado como tipo condrito, formado pelas estruturas esféricas chamadas côndrulos. Abaixo, o meteorito brasileiro Serra Pelada, do tipo acondrito, sendo oriundo do asteroide diferenciado 4-Vesta. As imagens foram obtidas por microscópio ótico em luz transmitida. Barra de escala de 2 mm

Fonte: as autoras

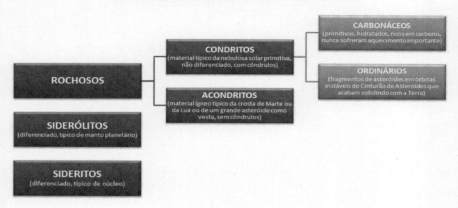

Classificação Geral dos Meteoritos

NÃO DIFERENCIADOS

CLASSE	GRUPO	EXEMPLO
CONDRITOS		
CONDRITOS CARBONÁCEOS — CI		Ivuna
CM		Murchison
CO		Ornans
CV		Allende
CK		Karounda
CR		Renazzo
CH		ALH85085
CB		Bencubbin
CONDRITOS ORDINÁRIOS — H		Flandreau
L		L'Aigle
LL		St. Mesmin
ENSTATITA CONDRITO — EH		Saint-Sauveur
EL		Eagle
RUMURUTITOS	R	Rumuruti
KAKANGARITOS	K	Kakangari
NÃO CONDRITOS		
ACAPULCOITOS	AC	Acapulco
LODRANITOS	LOD	Lodran
WINONAITOS	WIN	Winona
METÁLICOS – NÃO MAGMÁTICOS		
IAB	Og	Campo del Cielo

DIFERENCIADOS

CLASSE	GRUPO	EXEMPLO
ACONDRITOS		
VESTA — EUCRITOS	EUC	Serra de Magé
DIOGENITOS	DIO	Tatahouine
HOWARDITOS	HOW	Le Teilleul
ANGRITOS	ANG	Angra dos Reis
AUBRITOS	AUB	Norton County
UREILITOS	URE	Novo Urei
MARTE — SHERGOTITOS	SHE	Shergotty
CHASSIGNITOS	CHA	Chassigny
NAKHLITOS	NAK	Nakhla
ORTOPIROXENITO	OPX	ALH84001
LUA — BASALTOS		
BRECHAS		
SIDEROLITOS		
PALLASITOS	PAL	Brehan
MESOSIDERITOS	MES	Chinguetti

SIDERITOS

CLASSIFICAÇÃO ESTRUTURAL	GRUPO QUÍMICO	EXEMPLO
Ogg	IIB, IIE	Sikhote Alin
Og	IIIE, IIIF IC	
Om	IIIAB, IID, IIIF	Cape York
Of	IVA, IIIC	Gibeon
Off	IIID	Tazewell
Opl	IIC, IIF	
D	IVB	Hoba
IIE, UNG	NÃO GRUPADOS	

Fonte: a autora

CLASSIFICAÇÃO PETROGRÁFICA DOS CONDRITOS

Critério	Tipo Petrológico					
	1	2	3	4	5	6
Homogeneidade da olivina e piroxênio pobre em Ca		>5% de desvio da média		< 5 %	Homogêneos	
Estado estrutural do piroxênio pobre em Ca		Predominantemente monoclínico		> 20% monoclínico	< 20% monoclínico	Ortorrômbico
Feldspatos		Somente alguns grãos primários		Secundário Grãos < 2μm	Secundário. Grãos 2-50 μm	Secundário grão >50 μm
Vidros nos côndrulos		Alterado ausente	Claro isotrópico	Devitrificada ausente		
Minerais metálicos máximos % de Ni em peso		<20% de tenita ou ausente	>20% de kamacita e tenita em exsolução			
Conteúdo médio de Ni em sulfeto		> 0,5 em peso		> 0,5 em peso		
Matriz	Opaca, grãos finos	Opaca - maioria dos grãos finos		Clástica parte opaca	Recristalizada crescendo os grãos de 4 para 6	Transparente
Integração côndrulo - matriz	Sem Côndrulos.	Côndrulos muito bem definidos		Côndrulos bem definidos	Côndrulos diferenciáveis	Côn. mal definidos
Carbono (% em peso)	3 - 5	0,8 – 2,6		< 1,5		
Água (% em peso)	18 - 22	2 - 16		0,3 - 3	< 1,5	

Fonte: a autora

2.1.1 Condritos Ordinários (OC)

Esse grupo representa o tipo mais comum de meteorito, correspondendo de 85 a 93,5% dos condritos caídos na Terra, e por isso recebem o nome de ordinários. Além disso, vários meteoritos desse tipo foram citados ao longo dos capítulos. Por isso, vamos falar um pouco sobre sua classificação. Contudo, existem outros grupos de condritos também muito importantes, como os condritos carbonáceos, que, por existir diversas subdivisões, não abordaremos aqui, mas, quem quiser saber mais, é só acessar do *Decifrando os Meteoritos*. Dessa maneira, o Fe (elementar e combinado) é usado para classificar os diferentes tipos de meteorito, inclusive para determinar os diferentes grupos químicos dos condritos ordinários, que se dividem em **H**, **L**, e **LL**.

O primeiro **grupo H** possui alto teor em ferro (25-30%) no total por peso. Entre 15 e 19%, são de ferro quimicamente puro, e o restante está ligado à estrutura dos silicatos. Este tipo é o mais atraído pelo ímã, pois contém maior quantidade de minerais metálicos. Além do teor em Fe, este grupo se distingue dos outros dois pela composição química da olivina (Fa 15-19%), ou seja, 81-85 moles de Fo (forsterita), mostrando que nos condritos ordinários (bem como nos condritos em geral) a olivina é mais magnesiana.

O **grupo L** é constituído por condritos com o ferro total variando de 20 a 25%. Se compararmos com o grupo H, a quantidade de metal no L é mais baixa, entre 1 e 10% em peso. Quando se olham os flocos de metais numa fatia polida do condrito L, verifica-se que ocorrem em menor quantidade do que nos H, o que faz com que os meteoritos desse grupo sejam menos atraídos pelo ímã. A composição da Olivina (Fa 21-25%) mostra que a olivina perdeu ferro por oxidação, se comparada com a do grupo H. Dos três grupos dos Condritos Ordinários, os do grupo L são os que ocorrem em maior quantidade, perfazendo 46% do número total de meteoritos condríticos.

O **grupo LL** possui baixo teor de metal e de ferro total, mesmo assim o metal é fácil de ser visto a olho nu e ainda pode ser atraído por um ímã mais forte. O metal em comparação com os L condritos é escasso, atingindo um valor entre 1 e 3 %. O total do ferro combinado está entre 19 e 22 % em peso. A composição da olivina (Fa 26 e 32%) é a que apresenta maior teor em Fe.

2.2 Classificação dos Aerólitos - Acondritos

Os acondritos são semelhantes às rochas terrestres e foram inicialmente divididos em dois grandes grupos baseados na composição química e mineralógica: ricos e pobres em cálcio. Os pobres em cálcio, com menos que 3% Ca, e os ricos em cálcio, com 5 a 25% de cálcio ou mais. Também podem ser subdivididos quanto à origem no interior do corpo parental de origem. Temos, assim, meteoritos provenientes da crosta e do manto, asteroidais, lunares e marcianos.

A análise atenta dos meteoritos HED (Howarditos, Eucritos e Diogenitos), os acondritos rochosos mais comuns de cair, parece assinalar que os três tipos procedem do mesmo corpo parental, o asteroide 4-Vesta, embora as suas texturas e mineralogias não sejam idênticas. Os Eucritos são uma espécie de lavas basálticas, incluindo alguns a presença de vacúolos, semelhantes a muitos basaltos que encontramos na Terra e na Lua. Apresentam geralmente uma textura ofítica de rocha formada perto da superfície (crosta): os cristais de feldspato formam prismas alongados que se entrecruzam e envolvem cristais de piroxênio. Os Diogenitos, compostos por grandes cristais de piroxênio (rochas piroxeníticas), parecem acumulados com alguma cromita associada, que se formaram no fundo da câmara magmática (manto). Os Howarditos seriam compostos de brechas e clastos, sendo representantes do solo regolítico.

- **Howarditos (HOW)**

Os Howarditos são nomeados segundo Edward C. Howard, um químico britânico pioneiro da meteorítica, que, no século XIX, ajudou a provar a origem extraterrestre dos meteoritos. São brechas polimíticas, muitas vezes contendo clastos e xenólitos escuros de inclusões de condritos carbonáceos. A origem mais provável são solos cimentados compostos por clastos e fragmentos de material eucrítico e diogeníticos. São semelhantes aos solos regolíticos consolidados encontrados na Lua. Como os Eucritos, os Howarditos possuem crosta de fusão preta e brilhante devido à quantidade elevada de cálcio. Exemplos bem conhecidos: Blalystok, Kapoeta, NWA 1929 e Pavlovka.

- **Eucritos (EUC)**

Os Eucritos são os mais comuns dos acondritos. São constituídos por fragmentos de grão fino, muito parecidos com os basaltos e as lavas terrestres. Contudo, são cinza-claros, diferindo dos basaltos terrestres, que são cinza escuro a quase negro devido aos minerais ricos em ferro, enquanto a cor clara se deve ao fato de os Eucritos serem ricos em cálcio. Podem ser distinguidos de outros meteoritos rochosos por sua crosta de fusão brilhante marrom-escuro ao preto. Exemplos bem conhecidos: Serra Pelada, Ibitira, Millbillillie e Pasamonte.

- **Diogenitos (DIO)**

São nomeados segundo o filósofo grego Diógenes de Apolônia, que foi possivelmente o primeiro a sugerir que os meteoritos vinham realmente de fora da Terra. São plutônicos, ou seja, provenientes de partes mais profundas abaixo da crosta. Mineralogicamente são monominerálicos, formados, principalmente, por ortopiroxênio (rico em ferro e hiperstênio bronzite), grosseiros (0,01 e 25 mm ou mais) e com pequenas quantidades de olivina e plagioclásio (anortita). A textura de piroxênio é facilmente vista através de uma lente da mão simples. Os grandes grãos provavelmente cresceram como acúmulo no fundo do magma intrusivo das câmeras magmáticas no interior do corpo parental. Quase todos os Diogenitos são brechas monomíticas. Exemplos bem conhecidos: Bilanga, Johnstown e Tatahouine.

Os acondritos possuem, além dos HEDs, outros grupos importantes, como os lunares, marcianos, angritos, aubritos, entre outros, descritos no *Decifrando os Meteoritos*.

2.3 Classificação dos Sideritos

Os sideritos são meteoritos constituídos basicamente da fase metálica de Fe-Ni, com menores quantidades de minerais, como sulfetos, fosfetos, carbetos e raramente silicatos. Em sua maioria, são provenientes de núcleos de modelos planetários.

Devido à sua composição metálica e ao seu peso extraordinário, são facilmente distinguidos de rochas terrestres. Além disso, a maioria dos meteoritos metálicos é muito resistente ao intemperismo terrestre, permitindo que eles sejam preservados por muito mais tempo do que qualquer outro tipo de meteoritos. Os meteoritos metálicos também resistem mais à passagem atmosférica, sendo, em geral, maiores do que meteoritos rochosos. Dessa maneira, os maiores meteoritos são sempre metálicos, e acredita-se que a maioria das grandes crateras de impacto também tenha sido formada pelo impacto com meteoritos metálicos.

São classificados utilizando-se dois sistemas distintos: estrutural e química. A classificação estrutural é baseada na estrutura macroscópica apresentada pelo meteorito quando atacada por Nital (ácido nítrico e álcool). Se desenvolverem uma estrutura de lamelas entrelaçadas, seguindo uma orientação octaédrica, são chamados octaedritos; se apenas desenvolverem linhas finas paralelas, são os hexaedritos; e se aparentemente não desenvolverem estrutura alguma a olho nu, são classificados como ataxitos.

Embora a classificação estrutural reflita a proporção de níquel dos meteoritos e a taxa de resfriamento, ela não os correlaciona geneticamente. Assim foi criada uma nova classificação baseada na composição química precisa de elementos maiores, como níquel e elementos-traços como gálio, germânio e irídio. Para se determinar os elementos-traços, no entanto, são necessários equipamentos muito sofisticados, como ICP-MS (análise por espectrometria de massa com plasma indutivamente acoplado) e/ou INAA (Ativação de Nêutrons), que permitem detectar pequenas quantidades desses elementos que estão na faixa de partes por milhão (ppm), sendo realizadas em apenas poucos laboratórios no mundo.

Com base nas concentrações específicas desses elementos-traços e na sua correlação com o conteúdo global de níquel plotado em escalas logarítmicas, são distinguidos 13 campos correspondendo a meteoritos "geneticamente" correlacionados. Assim, cada grupo deveria representar um único corpo parental. As duas classificações se completam.

Os sideritos são compostos basicamente por duas ligas distintas. A liga mais comum é kamacita (célula unitária é o ferro α, um cubo de corpo centrado, também conhecido como ferrita), identificada pela palavra grega "beam". A kamacita contém de 4 a 7,5% de níquel e forma grandes cristais que aparecem como lamelas largas ou estruturas tipo viga. A outra liga é chamada taenita, identificada pela palavra grega "fita". A taenita (célula unitária é o ferro γ, um cubo de faces centradas, também conhecido como austenita). A taenita contém de 27% a 65% de níquel e, geralmente, forma cristais menores que aparecem refletindo fitas finas bordeando a kamacita. É a espessura das lamelas de kamacita que determina as subclassificações dos octaedritos.

2.3.1 Classificação Estrutural dos Metálicos

A largura da lamela de kamacita é a base para a classificação estrutural. É um esquema proposto no século XIX e pode ser utilizado por qualquer pessoa com um paquímetro. Essa espessura da kamacita está diretamente ligada à quantidade de níquel do meteorito. Assim, os meteoritos com pouco níquel, entre 4,5-6,5% de Ni, é pura kamacita, sendo os Hexaedritos que não apresentam a estrutura de Widmanstätten. Os meteoritos entre 6,5 e 15% de Ni apresentam a estrutura octaédrica, e os com teor acima de 16% de Ni não apresentam estrutura vista a olho nu, sendo chamados de ataxitos.

- **Hexaedritos**

Os hexaedritos são constituídos basicamente de kamacita, que forma grandes cristais cúbicos com seis lados iguais em ângulos retos entre si. Os hexaedritos não apresentam estrutura octaédrica quando atacados por Nital, apenas grupos de linhas paralelas conhecidas como linhas ou bandas de Neumann, segundo seu descobridor, Franz Ernst Neumann, que primeiro os estudou em 1848. Essas linhas representam uma deformação induzida por choque estrutural das placas de kamacita e sugerem uma história de impacto para o corpo principal hexaedrito.

- **Octaedritos**

A estrutura mais comum apresentada na superfície atacada dos meteoritos metálicos é um intercrescimento de lamelas de kamacita que se cruzam ao longo dos planos octaédricos do cubo de face centrada que se resfriou. Esses padrões são chamados de "figuras Widmanstätten", em homenagem ao seu descobridor, Count Alois von Widmanstätten (os americanos dizem que Thompson os descobriu na mesma época). Dependendo do sentido do corte, apresentam figuras distintas que podem ser desde um triângulo equilátero, quando o corte se dá ao longo do plano (111), quadrados, quando o corte se dá ao longo dos planos (100), e trapezoidais, quando se dá em outros planos. Os octaedritos são divididos em vários subgrupos (Ogg, Og, Om, Of, Off, Opl), com base na largura de suas lamelas de kamacita, e cada subgrupo está associado a uma classe particular do grupo químico.

- **Ataxitos**

Alguns meteoritos metálicos, quando atacados, não revelam a estrutura interna óbvia e são chamados de ataxitos, segundo a palavra grega para "sem estrutura". Ataxitos são constituídos, principalmente, da liga rica em ferro taenita com a kamacita em pequenas quantidades, só encontradas na forma de lamelas microscópicas. Consequentemente, ataxitos representam os meteoritos mais ricos em níquel conhecidos e estão entre os mais raros, embora o maior meteorito do mundo, o Hoba West, seja um ataxito.

2.3.2 Classificação Química dos Metálicos

Os elementos-traços retidos nos meteoritos metálicos, como gálio, germânio e irídio, são particularmente importantes para compreender como se formaram no interior dos corpos parentais. A análise desses elementos permitiu dividi-los em cerca de 13 grupos geneticamente relacionados, ou seja, 13 famílias quimicamente distintas. Elas são designadas por números romanos seguidos de letras. Os primeiros trabalhos reconheciam apenas quatro grupos, que foram nomeados de I a IV, em ordem do teor decrescente de gálio e germânio. Posteriormente, adicionou-se letras aos numerais romanos como IAB, IICD.

A forma em que os elementos se distribuem durante o resfriamento é utilizada para interpretações químicas. O níquel e o ouro são concentrados no líquido residual, enquanto o irídio é concentrado no primeiro sólido a se formar. Essa cristalização fracionada significa que os primeiros metais a se cristalizar são mais pobres em níquel e mais ricos em irídio que o líquido remanescente. E o último sólido a se cristalizar é rico em níquel e pobre em irídio.

Assim, as variações químicas entre as diferentes famílias permitem considerar que tenham tido origem em partes distintas do sistema solar, enquanto a variação química dentro de um mesmo grupo permite cogitar que sejam resultantes de separação gravitacional e subsequente solidificação no interior do corpo parental.

Quando o teor de níquel e irídio para os sideritos de um grupo químico exibem uma distribuição uniforme, desde o extremo pobre em níquel e rico em irídio, até o rico em níquel e pobre em irídio, são indicativos de que esses sideritos se originaram de um núcleo fundido, ou seja, diferenciado. Já os sideritos do grupo IAB, IIICD e IIE não apresentam uma variação gradual nos elementos-traços, o que faz crer que eles nunca se fundiram completamente, ou seja, são não magmáticos. Esse fato é ainda evidenciado pela presença de silicatos. Aproximadamente, 100 sideritos não são grupados, ou seja, não se encaixam nos grupos predefinidos, o que representa que, possivelmente, existam muito mais corpos parentais dos meteoritos metálicos.

2.4 Classificação dos Siderólitos

Os sideróitos ("ferro-rocha") são compostos de quantidades em torno de 50% de ferro e 50% silicatos. São divididos em dois grupos básicos: palasitos e mesosideritos. Os palasitos se formaram na interface entre o núcleo interno metálico e o manto inferior rochoso de corpos parentais asteroidais diferenciados. Os mesosideritos, apesar de serem formados também com quantidades equivalentes de metal e silicatos, não são correlacionados com os palasitos. Eles foram formados por fusão durante um impacto e constituídos por uma mistura de diversos corpos parentais.

Critérios Básicos para a Classificação dos Diferentes Grupos Químicos de Sideritos

Grupo	Largura da lamela (mm)	Ni (%)	Ga (ppm)	Ge (ppm)	Ir (ppm)
IAB e IIICD	3,1-0,01	6,5-60,8	100-2	520-2	6-0,02
IC	< 3	6,1-6,8	55-49	247-212	2,1-0,07
IIAB	>50-5	5,3-6,4	62-46	185-107	0,9-0,01
IIC	0,07-0,06	9,3-11,5	37-39	88-114	11-4
IID	.1,8-0,4	9,6-11,3	70-83	82-98	18-3,5
IIE	Anômalo	7,5-9,7	28-21	75-62	8-1
IIF	0,05-0,2	10,6-14,3	8,9-11,6	99-193	23-0,75
IIIAB	1,3-0,6	7,1-10,5	23-16	47-27	20-0,01
IIIE	1,6 – 1,3	8,2-9,0	19-17	37-34	6-0,01
IIIF	1,5-0,5	6,8-8,5	7,3-6,3	1,1-0,7	7,9-0,006
IVA	0,45-0,25	7,4-9,4	1,6-2,4	0,09-0,14	4-0,4
IVB	<0,03	16,0-18,0	0,17-0,27	0,003-0,07	38-13

Fonte: a autora

Comparativa de Referência Cruzada entre os Grupos Estruturais e Químicos

Classe estrutural	Textura	Largura kamacita (mm)	% de Níquel	Sigla	Grupos químicos relacionados
Hexaedritos (H)	Linhas de Neumann	>50	4,5- 6,5	H	IIAB, IIG
Octaedritos (O)	Muito Grosseiros	3,3 - 50	6,5 – 7,2	Ogg	IIAB, IIG
	Grosseiros	1,3 – 3,3	6,5 - 8,5	Og	IAB, IC, IIE, IIIAB, IIIE
	Médios	0,5 – 1,3	7,4 – 10,3	Om	IAB, IID, IIE, IIIAB, IIIF
	Fino	0,2 – 0,5	7,8 – 12,7	Of	IID, IIICD, IIIF, IVA
	Finíssimos	<0,2	7,8 – 12,7	Off	IIC, IIICD
	Plessíticos	< 0,2 (agulhas)		Opl	IIC, IIF
Ataxitos (D)			>16,0	D	IIF, IVB

Fonte: a autora

Imagem 53 – Fotos de octaedritos mostrando a variação de espessura das lamelas de kamacita, fator determinante na classificação estrutural dos sideritos: A) Octaedrito muito grosseiro, Ogg – meteorito Santa Luzia, Goiás; B) Octaedrito grosseiro, Og – meteorito Bendegó, Bahia; C) Octaedrito médio, Om – meteorito Vitória da Conquista, Bahia; D) Octaedrito fino, Off – meteorito Pará de Minas, Minas Gerais; E) Octaedrito finíssimo, Off – meteorito Barbacena, Minas Gerais; F) Octaedrito plessítico, Opl – meteorito Faina, Goiás.

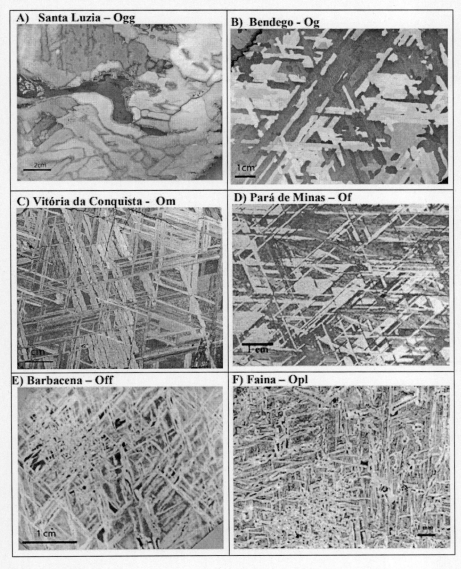

Fonte: a autora

3. A Importância do Estudo dos Meteoritos

Os meteoritos são fragmentos de diversos corpos do Sistema Solar e, por essa razão, eles nos trazem informações valiosas sobre a formação e evolução deles. Eles são estudados por pesquisadores de diversos ramos do conhecimento, sendo uma ciência interdisciplinar que conta com geólogos, astrônomos, químicos, físicos, biólogos, entre outros, para desvendar os segredos guardados nos "mensageiros do espaço". Como já dizia Edward Olsen, os meteoritos são a sonda espacial do homem pobre, justamente por trazer tanta informação de graça para nós aqui na terra.

Alguns meteoritos são tão antigos ou mais que o próprio Sistema Solar, como os condritos carbonáceos, que contêm inclusões refratárias formadas de restos de estrelas do tipo supernovas, que explodiram bem antes da condensação da nuvem de gases e poeira que deu origem ao nosso sistema planetário. O estudo dos isótopos desse material pode permitir a identificação das fontes estelares que contaminaram a nebulosa que deu origem ao nosso sistema.

Os planetas não se formaram num ato único, mas, sim, pela aglomeração de matéria meteorítica primitiva, que foi se chocando, se aglomerando e, por fim, formaram corpos maiores, que se diferenciaram e evoluíram para os planetas. Acredita-se que grande parte da água na Terra, assim como a matéria orgânica abiótica (hidrocarbonetos – os ingredientes necessários para a formação da vida na Terra), possa ter vindo nos meteoritos provenientes de cometas ou meteoritos do tipo carbonáceos.

Também muito interessante é que meteoritos gigantes – autênticos asteroides e/ou cometas – colidiram com a Terra ao longo de sua história, levando a modificações climáticas e geológicas que influenciaram na evolução das espécies. Pelo menos uma das maiores extinções em massa, a ocorrida no final do cretáceo, há 65 milhões de anos, conhecida como a extinção dos dinossauros, seja atribuída à queda de um grande meteorito na Península de Yucatán, no México. Alguns deles formaram crateras que estão, inclusive, associadas à formação de depósitos de minérios, tais como petróleo, pedras de decoração, urânio, entre outros, influenciando a mineração econômica.

Dessa maneira, como se pode ver, os meteoritos estiveram presentes em diferentes momentos da evolução da Terra, como também na construção da história humana, como vimos até aqui.

Pra quem quiser saber mais sobre os meteoritos, o livro *Decifrando os Meteoritos* está disponível on-line e gratuitamente na nossa página (www.meteoriticas.com.br) ou acessando o QR Code disponível a seguir:

Apêndice 2

A Coleção de Meteoritos do Museu Nacional

O Setor de Meteorítica do Museu Nacional (MN/UFRJ) é o único no Brasil e o que possui a maior coleção de meteoritos do país, possuindo tanto exemplares de meteoritos estrangeiros, como também a maioria dos meteoritos brasileiros. Assim, muitas rochas espaciais que foram mencionadas nas nossas histórias pertencem à sua coleção, dentre eles, o Toluca, Chinga, Campo del Cielo, L'Aigle, Krasnojarsk, Hoba, Ensisheim, Cape York, Canyon Diablo e uma Adaga *Kris*. Esses três últimos podem ser vistos na exposição *Do Gênese ao Apocalipse*.

Infelizmente, um incêndio devastador, no dia 2 de setembro de 2018, destruiu o palácio do Museu Nacional, que um dia fora a residência do imperador D. Pedro II. Nele residia mais de 20 milhões de peças que contavam a história do Brasil e do mundo, acumuladas nos seus 200 anos de existência. O balanço feito após um ano do incêndio e trabalhos de resgate constataram que, das 37 coleções, 19% não tiveram itens atingidos, pois estavam nos prédios do Horto Botânico, 35 % das coleções seguiam com itens sendo resgatados, e 46 % foram perdidas ou restaram muito pouco delas.

A coleção de meteoritos foi uma das atingidas pelo incêndio, tendo sido exposta ao fogo de diferentes formas, porque a maioria dos espécimes estava guardada em armários na sala da curadora Maria Elizabeth Zucolotto, e outros na sala de exposição próxima à entrada do palácio. Localizado no *hall* de entrada, o Bendegó[141] estava apenas ligeiramente

---

[141] Bendegó – Meteorito metálico classificado como um octaedrito grosseiro IC. Foi achado em 1784 pelo menino Domingos da Rocha Botelho, junto ao riacho que lhe deu o nome, perto de Monte Santo, interior da Bahia. A tentativa inicial de tirá-lo de lá fracassou devido a seu peso e tamanho (2,2 m x 1,45 m x 0,58 m, pesando 5,6 toneladas), mas o achado ganhou fama e foi visitado por cientistas que passavam pelo Brasil, como os alemães Carl von Martius e Johann Baptiste von Spix, em 1820. Em 1887, o imperador Dom Pedro II encarregou o comandante José Carlos de Carvalho trazê-lo para o Rio de Janeiro. Ele realizou a tarefa com apoio da Sociedade Brasileira de Geografia e o patrocínio do Barão de Guahy. Levou quase um ano na viagem e chegou ao Museu Nacional em 27 de novembro de 1888, onde está desde então. Em 1925 o Museu Nacional e o Bendegó foram visitados por Albert Einstein, um dos maiores físicos da história, que formulou entre outras coisas a Teoria da Relatividade, comprovada através de um eclipse na cidade brasileira de Sobral/CE no ano de 1919.

coberto de cinzas, onde até mesmo o painel de madeira com sua história plotada em papel permaneceu intacto. Os meteoritos que estavam na exposição foram rapidamente resgatados pela curadora e autora Zucolotto no dia seguinte, podendo a exposição *Do Gênese ao Apocalipse* ser reconstruída e hoje ser vista no Planetário do Rio. Contudo, o acervo principal estava alojado na reserva técnica localizada em uma sala que foi bastante afetada pelo incêndio. Como agravante, devido aos perigos estruturais iminentes dos primeiros dias, levou-se meses para que o local da sala fosse acessado, ficando os meteoritos expostos a intemperes em meio aos escombros de metal retorcido e destroços dos andares superiores e telhados que desabaram. Por essa razão, muitos deles que foram resgatados ficaram irreconhecíveis, mesmo depois de limpos e estabilizados, necessitando de um processo de reconhecimento por meio de diferentes análises e nova catalogação que ainda está em andamento até a presente data deste livro.

Dessa maneira, aqui serão mostradas fotos de alguns meteoritos que mencionamos ao longo de nossas histórias, porém antes do incêndio. Nossa esperança é que todos eles voltem em breve a fazer parte da coleção restaurada de meteoritos do Museu Nacional e que, como a Fénix, todo o nosso precioso museu possa ressurgir grandioso e majestoso das cinzas.

Imagem 54 – Meteoritos da coleção do Museu Nacional. a) Campo del Cielo; b) Chinga; c) Canyon Diablo; d) Cape York; e) Ensisheim; f) L'Aigle; g) Krasnoyarsk; h) Adaga *Kris*

Fonte: arquivo do Museu Nacional, exceto imagens *d* e *h* de Felipe Abrahão Monteiro

Nossas Páginas

@METEORITICAS.BR

https://www.facebook.com/meteoriticas

https://www.youtube.com/@Meteoriticas

https://www.meteoritos.com.br/

https://www.aimeteorites.com/